Matthias Breiter

# Tier- und Pflanzenführer Westkanada Alaska

190 Tiere und 60 Pflanzen



KOSMOS

# Inhalt

# Einleitung Westkanada/Alaska

## Land der Weite und Extreme

Alaska und der Westen Kanadas erstrecken sich über 25 Längen- und 73 Breitengrade. Im Osten formt die Weite der amerikanischen Prärie die Grenze. Im Westen endet der Kontinent am Pazifischen Ozean, im Norden am Polarmeer. Im äußersten Westen des Festlandes, am Cape Prince of Wales auf der Seward Peninsula, kann man an guten Tagen die russische Chukchi Peninsula auf der gegenüberliegenden Seite der Beringstraße ausmachen. Attu, die westlichste Insel der Aleuten befindet sich jenseits der Datumsgrenze.

## Die schöpferische Kraft der Geologie

Die Westküste Kanadas bis hin zu den äußersten Ausläufern der Aleuten im Südwesten Alaskas ist Teil des ‚Ring of Fire', der sich um das Becken des Pazifik zieht. Entlang der Pazifikküste bewegt sich die pazifische Platte an der nordamerikanischen vorbei, um dann am Aleutengraben unter dieselbe abzutauchen. Das Resultat dieser Kontinentalplattenbewegung und die sich dabei aufbauenden Spannungen in der Erdkruste sind Erdbeben, hohe vulkanische Aktivität und die Küstenkordilleren in Britisch Kolumbien und Alaska, die wir heute entlang der Inside Passage, im Prince William Sound und auf der Kenai Peninsula bewundern. Die Gebirgsketten am Golf von Alaska türmen sich auf über 5000 m Höhe auf. Zu ihnen gehört der höchste Berg Kanadas, der 5958 m hohe Mt. Logan. Auch die sich von den Kordilleren abspaltende Alaska Range verdankt ihre

*Zwei Kajaker erkunden die mit Regenwald bedeckte Inselwelt an der Westküste British Kolumbiens*

Existenz der Kontinentalverschiebung. In ihr findet sich das Dach des Kontinents mit Denali, dem mit 6192 m höchsten Gipfel Nordamerikas.

Die Alaska Range formt an ihrem westlichen Ende den gekrümmten Rücken der Alaska Peninsula und setzt sich von dort in die Inselkette der Aleuten fort, die die Spitzen eines versunkenen Gebirgszuges darstellen. Dies ist eine Region am Rand der Schöpfung, die von den elementaren Gewalten des Wetters, des Feuers und des Eises beherrscht wird. Stürme, angefacht von den Temperaturunterschieden zwischen Wasser und Land und zwischen dem Pazifik und der Bering See, tosen vom Meer her über die Strände hinweg, fegen über die Tundra und brechen durch die Bergkette, deren vergletscherte Vulkane noch immer Lava und Aschewolken ausstoßen. Alleine auf der stellenweise nur 40 Kilometer breiten Alaska Peninsula erheben sich sechzehn aktive Vulkane.

### Die Vielfalt der Natur am westlichen Rand des Kontinents

Der Nordwesten des amerikanischen Kontinents ist ein Land der Fülle und Kontraste. Zum Teil beruht die Vielfalt auf der Größe der Region, die sich von arktischen bis in gemäßigte Zonen erstreckt. Im Süden Britisch Kolumbiens herrscht ein mildes Klima vor mit Wintertemperaturen, die an der Küste selten unter den Gefrierpunkt sinken. Hoch im Norden ist der Winter eine lange Nacht, in der sich die Sonne für zwei Monate nicht über den Horizont erhebt. Bei Temperaturen, die dann bis unter –50 °C fallen können, liegt das Land wie tot da. Doch im Sommer explodiert das Leben. Weite Feuchtgebiete verwandeln sich in Krippen der Natur, die von Millionen von Wasservögeln besucht werden. Im Arctic National Wildlife Refuge im Nordosten Alaskas strömen im Frühsommer Zehntausende Karibus in die Tundraebenen.

Der westlichste Zipfel Alaskas befindet sich in Sichtweite Sibiriens. Vogel- und Pflanzenarten, die ihr Hauptverbreitungsgebiet in Asien haben, bereichern auf den äußeren Inseln der Aleuten, auf St. Lawrence Island in der Bering See und auf der Seward Peninsula die Fauna und Flora des amerikanischen Kontinents.

Neben der Größe der Region spielt auch der Nährstoffreichtum der geologisch dynamischen küstennahen Region eine wichtige Rolle. Das Land ist jung und die Böden reich an Mineralien, die den Pflanzenwuchs fördern. Der warme Japanstrom, die jahreszeitliche Umwälzung der Wasserschichten und der reiche Zustrom von Nährstoffen vom Land machen den Nordpazifik zu einer der fischreichsten Regionen der Erde. Bis zu 70 % des Stickstoffes in den Bäumen des temperaten Regenwalds der Pazifikküste haben ihren Ursprung im Meer. Gesunde Wälder stabilisieren Berghänge, und sind somit die Grundvoraussetzung für die sauerstoffreichen Bäche und

Flüsse, die die Lachse zum Laichen und als Kinderstuben benötigen. Der Nährstoffreichtum ist in erster Linie für die Biomassenproduktion verantwortlich. Der Hauptgrund für die hohe Artenzahl steht mit der abwechslungsreichen Landschaft in Zusammenhang. Im Süden Britisch Kolumbiens folgen auf die Küstenkordilleren tiefe Täler, die von weiteren Bergketten abgelöst werden, ein Landschaftsbild das sich wiederholt, bis schließlich die Rocky Mountains der Prärie Platz machen. Auch im Norden folgen auf die Küstenkordilleren Berglandschaften, die jedoch zumeist kaum vergletschert und den Charakter eines Mittelgebirges vermitteln. Lediglich in Zentral- und Westalaska schließen sich an die steilen Höhenzüge weite Ebenen an, die von Feuchtgebieten bedeckt sind. Im hohen Norden Alaskas und des Yukons durchzieht eine langgestreckte Gebirgskette – die Brooks und Richardson Range –, von Ost nach West das Land.

Die hohen Gebirgsketten sind Wetterbarrieren. Die Brooks Range schützt das Landesinnere Alaskas vor den kalten Winden vom Polarmeer. Weiter im Süden, am Prince William Sound sind Wintertemperaturen über dem Gefrierpunkt keine Seltenheit. In Glenallen hingegen, auf der anderen Seite der Berge, keine hundert Kilometer gegen Norden, fällt das Thermometer zur gleichen Zeit auf unter minus 30 Grad Celsius.

Entlang der Südküste Britisch Kolumbiens gedeiht ein nahezu un-

*Mt. Kinley überragt Wonder Lake in Denali National Park, Alaska*

durchdringlicher Regenwald. Stürme vom Meer kommend prallen gegen die Gebirgsketten und entladen ihre nasse Tracht. Jenseits der Kordilleren, im Regenschatten der Berge, bedeckt Grasland die Täler.

Die Gebirgsketten und tiefen Täler schaffen Mikroklimate. Bedingt durch die Lage über dem Meeresspiegel, der Niederschlagsmenge, dem Breitengrad und der Einflüsse von Sonne, Wind und Winterkälte, existieren auf engem Raum deutlich unterschiedliche Umweltbedingungen. So entsteht eine Vielzahl biologischer Nischen, die unzähligen Arten einen Lebensraum bieten. Britisch Kolumbien besitzt eine höhere Artendichte als jede andere kanadische Provinz. Drei Viertel aller Vogelarten (454 Arten), zwei Drittel aller Säuger (143 Arten) und Insekten (35 000 Arten), über die Hälfte der Süßwasserfische (100 Arten) und drei Viertel aller höheren Pflanzen (2500 Arten) Kanadas sind in Britisch Kolumbien verbreitet.

### Vertraute und ungewohnte Gesichter

Die Verbreitung vieler Tier- und Pflanzenarten im Norden geht weit über die Grenzen des amerikanischen Kontinents hinaus. Wölfe, Elche und Braunbären kommen sowohl in Nordamerika als auch in Eurasien vor. Zwergbirken findet man auf der Tundra Alaskas und im Bayrischen Wald. Aufgrund ähnlicher klimatischer Bedingungen in der gesamten Arktis und Subarktis ähnelt sich auch die Tier- und Pflanzenwelt in Nordamerika und Eurasien. Je weiter man jedoch nach Süden geht, desto mehr gewinnt die typisch amerikanische Komponente an Bedeutung. Hierzu zählen unter den Vögeln die Kolibris, unter den Pflanzen die Rot-Zedern und die in den Trockengebieten im Okanagan und angrenzenden Tälern verbreiteten Kakteen.

*Durch das Kodiak Archipel verläuft die Verbreitungsgrenze von Nadelwäldern im Südwesten Alaskas*

### Das Klima und die Vegetationszonen

Im äußersten Norden herrschen arktische Bedingungen, die dadurch gekennzeichnet sind, dass die Mitteltemperatur des wärmsten Monats weniger als +10 °C beträgt. Die Vegetationszone, die in diesem Klima das Landschaftsbild beherrscht, ist die Tundra, eine baumlose Region, dominiert von Zwergsträuchern, Polsterpflanzen und Flechten. Permafrost, eine ganzjährig bestehende Eisschicht, die abhängig vom Erdreich und Wasserabfluß weit in die Tiefe reichen oder auch kaum einen Meter mächtig sein kann, liegt verborgen unter der dünnen Humusschicht. Bis zu 400 verschiedene Pflanzenarten kommen auf der Tundra vor. Je weiter man sich dem Pol nähert oder je höher man auf die Hügel und Berge steigt, desto mehr reduziert sich diese Zahl, bis sich zuletzt die Wüste der Hocharktis ausbreitet. Typische Tiere sind Moschusochsen, Lemminge, Schneeulen sowie im Sommer Karibus.

Die +10 °C-Grenze verläuft in Alaska nahe des Hauptkammes der Brooks Range, im Yukon in den Richardson Mountains und setzt sich nach Osten nördlich des Mackenzie Rivers fort. Südlich dieser Grenze liegt die Subarktis, die im äußersten Westen Alaskas von Wiesensystemen bedeckt wird. Zum größten Teil bestimmt aber das breite Band der von Schimmel- und Schwarzfichten beherrschten Taiga das Aussehen der Landschaft. Entlang Lichtungen und Wasserläufen hellen Papierbirken und Balsampappeln das dunkle Erscheinungsbild des Waldes auf. Dies ist der Lebensraum der Elche, Wölfe und Schwarzbären.

Die Subarktis endet dort, wo die Durchschnittstemperatur vier Monate im Jahr die +10 °C-Marke übersteigt. Im Landesinneren verläuft diese generell als Isotherme bezeichnete Grenze in Höhe von Prince George in Britisch Kolumbien. An der Küste herrschen gemäßigte Bedingungen bereits mehrere Breitengrade weiter nördlich. So gedeihen entlang der gesamten Pazifikküste vom Prince William Sound in Alaska bis nach Vancouver temperate Regenwälder, die von Hemlocktannen und Sitkafichten dominiert werden. Schwarzwedelhirsche, und Weißkopfseeadler gehören zu den typischen Bewohnern dieser Wälder. Im südlichen Britisch Kolumbien haben jenseits der Kordilleren die zahlreichen, in nord-südlicher Richtung verlaufenden Bergketten das Land in klimatische Bänder unterteilt. Heiße Regionen werden von kühlen abgelöst, trockene von feuchten. Und entsprechend den unterschiedlichen klimatischen Bedingungen variiert sowohl die Pflanzen- als auch die Tierwelt. In den Hochlagen wachsen Engelmannsfichten, Felsengebirgstannen, Drehkiefern und Schimmelfichten. Auf den unteren Hängen werden sie von Douglasien und Goldkiefern abgelöst, die am Talboden Grasland Platz machen. Die Hauptkette der Rocky Mountains wirkt als zweite Regenbarriere und so gedeihen in den inneralpinen Tälern Regenwälder, hier wachsen vor allem Lebensbäume und Hemlocktannen. Im Schatten der Bäume und auf den Grasebenen bewegen sich Weißwedelhirsche und Kojoten.

**Das Erbe der Eiszeit**

Nördlich der Alaska Range und südlich der Bergketten im US-Bundesstaat Washington gab es zum Höhepunkt der Vergletscherung eisfreie Regionen, die der Fauna und Flora als Refugien dienten. Manche Tiere oder Pflanzen wurden in nördliche und südliche Populationen getrennt, die sich unabhängig voneinander entwickelten und heute als separate Arten gelten.

**Benutzungshinweise**

Im Bestimmungsteil werden Tier- und Pflanzenarten, die typisch für die verschiedenen Lebensräume sind, aufgeführt. Sie wurden gemäß Zuordnung zu systematischen Gruppierungen sortiert. Um die Orientierung zu erleichtern, ist der Lebensraum der einzelnen Arten durch Symbole gekennzeichnet. Vier Lebensräume sind anhand farbiger Tafeln näher beschrieben. Zusätzlich werden noch die Wale in einer Farbtafel behandelt.

# Westkanada und Alaska

## Faszination Wildnis

# Von Taiga bis Regenwald

Tiefe Wälder bedecken weite Teile Westkanadas und Alaskas. Laubbäume spielen in ihnen eine untergeordnete Rolle. Der bewaldete Westen Nordamerikas ist das unbestrittene Reich der Nadelbäume. Hier erreichen sie nicht nur ihre größte Vielfalt, sondern auch ihre beeindruckendsten Maße: In den Wäldern stehen die größten, höchsten und ältesten Bäume der Welt. Die Skyline des von Wolkenkratzern beherrschten Stadtzentrums von Vancouver ist heute im Durchschnitt niedriger als vor 200 Jahren, als noch 100 m hohe und bis über 1.000 Jahre alte Sitkafichten an dieser Stelle standen.

Ihren Erfolg verdanken die Nadelbäume den klimatischen Bedingungen im Westen und Norden des Kontinents. Feuchte Regionen tendieren aufgrund des Breitengrades oder der Höhe über dem Meer dazu, kühl zu sein. Und Gebiete mit hohen Sommertemperaturen, wie z.B. Teile des Landesinneren von British Columbia, leiden unter Dürre. Laubbäume, die feuchtwarme Sommer zum gedeihen benötigen, haben hier einen schweren Stand. Koniferen hingegen sind aufgrund ihrer Nadeln sowohl an Kälte als auch an Hitze und Trockenheit hervorragend angepaßt. Im hohen Norden ist ihre Fähigkeit, die extrem kurze Wachstumsperiode auszudehnen, der entscheidende Grund für ihren Erfolg: Als immergrüne Bäume sind sie nicht dazu gezwungen, neues Laub auszutreiben, um Photosynthese betreiben zu können. Sie sind jederzeit dazu in der Lage, sobald es die Lufttemperatur im Frühjahr erlaubt. Schimmelfichten, unterstützt von kümmerlichen Schwarzfichten, die moorige Senken umstehen, beherrschen den Wald. Sie bilden die Taiga, einen bis zu 800 km breiten Waldgürtel, der sich von Nordalaska bis nach British Columbia erstreckt. In Alaska bedeckt Taiga das Landesinnere bis in Sichtweite des Hauptkammes der Brooks Range, im Yukon Territory erreicht sie fast das Eismeer, und in den Northwest Territories verläuft die Baumgrenze und damit die Verbreitungsgrenze der Taiga nördlich des Mackenzie River.

Die Taiga geht an ihrem südlichen Rand, der im Westen Kanadas etwa in der Mitte British Columbias liegt, in einem verschwommenen Übergangsbereich in die Nadelwälder der gemäßigten Zone über. Andere Baumarten, vor allem Felsengebirgstannen und Drehkiefern, unterlaufen hier zunehmend die Reihen der Schimmelfichten. In den feuchten Tälern westlich der Rocky Mountains gesellen sich Lebensbäume und Douglasien dazu. Im zentralen Landesinneren British Columbias hat die Drehkiefer fast alle anderen Arten verdrängt.

Durch menschlichen Einfluß wurde zu Anfang dieses Jahrhunderts die Region von flächendeckenden Waldbränden heimgesucht. Drehkiefern gehören zu den ersten Kolonisten der Brandgebiete. Die Forstwirtschaft verhindert, daß diese Pionierpflanzen mit der Zeit von Schimmelfichten, Felsengebirgstannen und anderen Baumarten ersetzt werden. Das Ergebnis sind Drehkiefer-Monokulturen.

Im Süden British Columbias, im Regenschatten der Berge, öffnen sich die dichten Reihen der Fichten und Tannen. Trockene, offene Wälder, beherrscht von Douglasien und Goldkiefern, bedecken die Bergflanken oberhalb der Graslandschaft in den Tälern.

Jenseits der Küstengebirgskette, entlang der Pazifikküste, erstrecken sich temperierte Regenwälder vom südlichen British Columbia bis zum Prince William Sound in Alaska. 5.000 mm Regen können hier im Jahr fallen, der größte Teil davon zwischen November und März. Aufgrund ihrer Fähigkeit, im milden Winter Photosynthese zu betreiben, dominieren auch in diesem Waldtypus Nadelbäume, vor allem Hemlocktannen. Da die Bäume auch im Winter deutlich an Masse zulegen, ist der Küstenregenwald einer der biologisch produktivsten Lebensräume auf der Erde.

1 Purpurtanne / Pacific Silver Fir / *Abies amabilis*
2 Felsengebirgstanne / Subalpine Fir / *Abies lasiocarpa*
3 Nutkazypresse / Alaska Yellow Cedar / *Chamaecyparis nootkatensis*
4 Westamerikanische Lärche / Western Larch / *Larix occidentalis*
5 Schimmelfichte / White Spruce / *Picea glauca*
6 Schwarzfichte / Black Spruce / *Picea mariana*
7 Sitkafichte / Sitka Spruce / *Picea sitchensis*
8 Engelmannsfichte / Engelmann Pine / *Picea engelmannii*
9 Drehkiefer / Lodgepol Pine / *Pinus contorta*
10 Weißstämmige Kiefer / Whitebark Pine / *Pinus albicaulis*
11 Goldkiefer / Ponderosa Pine / *Pinus ponderosa*
12 Berghemlocktanne / Mountain Hemlock / *Tsuga mertensiana*
13 Westamerikanische Hemlocktanne / Western Hemlock / *Tsuga heterophylla*
14 Riesenlebensbaum / Western Red Cedar / *Thuja plicata*
15 Küstendouglasie / Douglas Fir / *Pseudotsuga menziesii*

1
bis 75 m
2
bis 40 m
3
30–40 m
4
30–70 m
5
20–40 m
6
10–30 m
7
50–70 m
8
30–45 m
9
25–35 m
10
15 m
11
bis 70 m
12
30 m
13
40–70 m
14
40–70 m, max. 90 m
15
60–90 m, max. über 100 m

# Die goldenen Täler

Die wenigsten verbinden Westkanada mit Grasland. British Columbia ist bekannt für endlose Wälder und wilde Bergregionen. Die von Gräsern dominierten Pflanzengemeinschaften verdanken ihre Existenz den Bergen, in deren Regenschatten sie sich hervorragend entwickeln können. Im Osten des Küstengebirges, auf den von den Gletschern der letzten Eiszeit hinterlassenen Terrassen, dehnen sich offene, baumlose Landschaften aus, die von Borstengräsern, Salbei, Quecken und Feigenkakteen beherrscht werden. Manche Aussichtspunkte vermitteln den Eindruck, das gelbe Grasmeer erstrecke sich ins Endlose. In Wirklichkeit sind in British Columbia diese Trockenbiotope verhältnismäßig klein. Auf großformatigen Übersichtskarten erscheinen sie als langgestreckte, goldene Inseln in einem grünen Ozean aus Wald. Graslandschaften sind im Westen Kanadas jedoch nicht auf die Täler im Osten der Küstenberge beschränkt. Ähnliche Ökosysteme findet man im Schatten der Purcell Range auf der Westseite der Rocky Mountains. Die nördlichen Ausläufer der Prärie erstrecken sich bis in die Peace River-Region im Nordosten von British Columbia. Sogar an der Küste, auf der Ostseite von Vancouver Island und auf den vorgelagerten Inseln, findet man ausgedehnte, von Gräsern dominierte Parklandschaften.
Dem Grasland im Landesinneren ist gemeinsam, daß es sich hierbei um Steppen handelt. Als solche bezeichnet man die grasbestandenen Lebensräume in kühl, kontinentalen Klimaten, die für die Entwicklung von Bäumen zu trocken sind. Auch der äußerste Süden des Okanagan Valley, der von den örtlichen Fremdenverkehrsbüros häufig als Kanadas „Westentaschenwüste“ angepriesen wird, ist trotz der dicht mit Kakteen bestandenen Hügel, der blaßgrünen Antilopenbüsche und der spärlichen Grasbüschel, zwischen denen der sandige Boden sichtbar ist, im engeren Sinne keine Wüste. Erstens ist das Gebiet selbst am Talboden, der deutlich trockener ist als die Hanglagen, noch zu feucht: Im Jahr fallen hier etwa 300 mm Regen; in Wüsten beträgt die jährliche Niederschlagsmenge jedoch weniger als 250 mm. Und zweitens sind die Temperaturen im Jahresmittel zu niedrig. Ob Wüste oder nicht, der südliche Okanagan wie auch die benachbarten Täler des Similkameen sind besondere Orte. Ein Drittel aller seltenen oder bedrohten Tier- und Pflanzenarten British Columbias kommen hier vor. Dazu gehören die auf diese Region beschränkten Bergspottdrosseln und Nevadaammern ebenso wie der in den Felsregionen heimische Schluchtenzaunkönig. Dieser sonnenverwöhnte Lebensraum beherbergt auch Tiere, die man in weiter südlich gelegenen Regionen erwartet, etwa die Prärie-Klapperschlange, Kanadas einzige Gottesanbeterin und einige Skorpione.
Sein schönstes Gesicht zeigt das Grasland im Frühjahr zwischen April und Anfang Juni. Durch Schneeschmelze und Regenfälle ist ausreichend Feuchtigkeit im Erdreich vorhanden, und die Borstengräser, die Quecken, die Antilopenbüsche und der Salbei zeigen sich in frischem Grün. Die Blüten von Hahnenfüßen, Lilien, Götterblumen, Auferstehungspflanzen und Feigenkakteen verwandeln den Talboden und die unteren Berghänge für kurze Zeit in farbenfrohe Blumenteppiche. Anfang Juli beginnt das Land zu verdorren. Das Fehlen von frischem Grün während der Sommermonate betrachtet man als einen wesentlichen Grund dafür, daß der Bison in den grasbestandenen Tälern westlich der Rocky Mountains nicht verbreitet war. Auf der Prärie, auf der auch noch im Frühsommer Regen fällt, fanden die Büffel hingegen bis spät ins Jahr gute Weidegründe.

1 Blasse Fledermaus / Pallid Bat / *Antrozous pallidus*
2 Westliche Erntemaus / Western Harvest Mouse / *Reithrodontomys megalotis*
3 Kleine Taschenmaus / Great Basin Pocket Mouse / *Perognathus parvus*
4 Präriehase / White-tailed Jackrabbit / *Lepus townsendii*
5 Nevadaammer / Brewer's Sparrow / *Spizella breweri*
6 Schluchtenzaunkönig / Canyon Wren / *Catherpes mexicanus*
7 Heuschreckenammer / Grasshopper Sparrow / *Ammodramus savannarum*
8 Bergspottammer / Sage Thrashers / *Oreoscoptes montanus*
9 Beifußhuhn / Sage Grouse / *Centrocercus urophasianus*
10 Wiesenstärling / Western Meadow Lark / *Sturnella neglecta*
11 Bullennatter / Gopher Snake / *Pituophis melanoleucus*
12 Nachtnatter / Night Snakes / *Hypsiglena torquata*
13 Kurzhorn-Krötenechse / Mountain Short-horned Lizard / *Phrynosoma douglassi*
14 Gottesanbeterin / Ground Mantis / *Litaneutria minor*
15 Borstengras / Red Threeawn / *Aristida longiseta*
16 Quecke / Bluebunch Wheatgrass / *Agropyron spicatum*
17 Schwarzer Salbei / Big Sagebrush / *Artemisia tridentata*
18 Purshia / Antelope Brush / *Purshia tridentata*
19 Feigenkaktus / Fragile Prickly-Pear Cactus / *Opuntia fragilis*

1
KR 7–8 cm
2
KR 7–7,6 cm
3
KR 7–9 cm
4
56–65,5 cm
5
13 cm
6
14–15 cm
7
11–13 cm
8
22 cm
9
66–67 cm
ca. 1,80 m
10
22–28 cm
11
1,20–
2,50 cm
12
30–65 cm
13
6–15 cm
14
1,5–
3 cm
15
20–50 cm
16
60–100 cm
17
18
1–2 m
19
ca.
5–20 cm

# Zwischen den Gezeiten

Ein Flugzeug, das dem Verlauf der Pazifikküste grob folgt, legt auf dem Weg von Point Barrow in Nordalaska nach Victoria auf Vancouver Island etwa 4.000 km zurück. Eine intensive Würdigung der zerklüfteten Küstenlinie mit ihren zahllosen Inseln und tiefen Fjorden würde den Flug jedoch erheblich verlängern. Insgesamt begegnen sich Land und Meer hier auf einer Strecke von weit über 80.000 km.

In diesem Teil des Landes kann der Unterschied zwischen den Maximalwerten von Ebbe und Flut mehr als 7 m betragen. Getrieben durch den Wechsel der Gezeiten zwängt sich Wasser durch enge Passagen. Die starke Strömung trägt Nährstoffe heran und legt dadurch den Grundstein für eine äußerst vielfältige Tier- und Pflanzenwelt. Das Meer vor der Küste British Columbias und Südalaskas gehört zu den artenreichsten Lebensräumen der Erde.

Ein Besuch felsiger, dem offenen Meer ausgesetzter Küstenabschnitte bei Ebbe erlaubt einen Einblick in den Reichtum, der unter der Wasseroberfläche verborgen liegt. Auffallend ist die Anordnung vieler Tier- und Pflanzenarten in horizontalen Bändern an den bei Niedrigwasser freigelegten Felsen. Die Obergrenze eines solchen Bandes ist durch die Toleranz der einzelnen Arten gegenüber Umweltfaktoren wie Austrocknung und starken Temperaturschwankungen festgelegt. Die Untergrenze ist das Resultat zwischenartlicher Konkurrenz, die sich in Räuber-Beute-Beziehungen und dem Kampf um Lebensraum ausdrücken.

Biologen unterteilen die Gezeitenregion in drei Zonen. Die oberste wird von einem schwarzen Flechtenband eingeleitet, dessen Kontakt mit der See auf Gischt und Wellenbrecher beschränkt ist. Unterhalb dieses Bandes bilden Seepocken einen breiten weißen Streifen.

Ihnen wird schließlich von Miesmuschelbänken und Netzreusenschnecken Einhalt geboten: Die Muscheln verdrängen die Seepocken, die von den Schnecken verspeist werden.

Die dichten Reihen der Miesmuscheln markieren den Beginn der mittleren Gezeitenzone. Weitere typische Bewohner dieser Zone sind Napfschnecken, Krebse, Anemonen und Algen wie der Meersalat.

Die größten Räuber der Gezeitenzone sind die Seesterne, die allerdings Aufenthalte außerhalb des Wassers nur kurze Zeit unbeschadet überstehen. Ihre Vorliebe für ein Muschelmenü verhindert das Vordringen der Muschelbänke ins tiefere Wasser. Miesmuscheln können sich nur dort ungefährdet halten, wo sie bei Ebbe hoch aus dem Wasser gehoben werden, so daß die Seesterne sie bei der darauffolgenden Flut nicht erreichen können.

Die unterste Gezeitenzone ist nur undeutlich von der darüberliegenden abgegrenzt. Reicher Algenbewuchs und das Vorkommen von Seeigeln und vereinzelten Seegurken kennzeichnen sie.

Die sogenannten „Tidepools", Felsbecken auf den Klippen, in denen sich bei Ebbe Wasser hält, fallen aus der aufgeführten Zonierung heraus. Sie sind natürliche Aquarien, die als Refugien für Arten dienen, die eine kurzzeitige Trockenlegung nicht überstehen würden. Anemonen und Rotalgen verleihen diesen seichten Juwelen der Gezeitenzone leuchtende Farbtupfer. Schnecken und Krebse teilen sich die Tidepools mit kleinen Fischen wie z.B. Groppen. Trotz des idyllischen Eindrucks, den sie erwecken, sind Tidepools schwierige Lebensräume, da sie von ihren Bewohnern eine hohe Toleranz gegenüber plötzlichen Temperaturschwankungen verlangen. Die Becken erwärmen sich bei sonnigem Wetter rasch und werden von der ersten Flutwelle, die sie erreicht, auf einen Schlag abgekühlt. Nur wenige Wasserbewohner besitzen die Fähigkeit, mit drastischen Temperaturschwankungen fertig zu werden.

1 Tang / Rockweed / *Fucus distichus*
2 Brandungs-Gras / Surf Grass / *Phyllospadix spp.*
3 Coralline Algae / *Corallina spp.*
4 Seepalme / Sea Palm / *Postelsia palmaeformis*
5 Cabezon / Cabezon / *Scorpaenichthys marmoratus*
6 Blauhändiger Einsiedlerkrebs / Blue-handed Hermit Crab / *Pagurus samuelis*
7 Riesen-Seepocke / Giant Acorn Barnacle / *Balanus nubilis*
8 Purpurner Seeigel / Purple Sea Urchine / *Strongylocentrotus purpuratus*
9 Fledermaus-Seestern / Bat Star / *Patiria miniata*
10 Ockerseestern / Ochre Sea Star / *Pisaster ochraceus*
11 Riesen-Grünanemone / Giant Green Anemone / *Anthopleura xanthogrammica*
12 Aggregating Anemone / *Anthopleura elegantissima*
13 Schwarze Käferschnecke / Black Chiton / *Katharina tunicata*
14 Kalifornische Miesmuschel / California Mussel / *Mytilus californianus*
15 Reusenschnecke / Dog Whelk / *Nassarius fossatus*
16 Strandschnecke / Checkered Periwinkle Snails / *Littorina scutulata*
17 Schwarze Tegula / Black Tegula / *Tegula funebralis*
18 Gefingerte Muschel / Fingered Limpet / *Collisella digitalis*

1
10–50 cm
2
bis 2 m
3
4–10 cm
5
bis 1 m
4
15–50 cm
6
19 mm
7
H 9 cm
8
H 4,5 cm
9
D 20 cm
10
D 50 cm
11
H 30 cm
B 25 cm
12
H 15 cm
B 8 cm
13
4–8 cm
14
5–25 cm
15
3–5 cm
16
13 mm
17
2–4 cm
18
2–3,5 cm

# Leben im kalten Wasser

In den Gewässern British Columbias – von den zahllosen Bächen, über seine 16.000 Seen und Teiche bis in den Mündungsbereich der Flüsse – leben 100 verschiedene Fischarten. Dies entspricht über der Hälfte der gesamten Süßwasserfischarten Kanadas. Das Wasser beginnt seine Reise zum Meer in kleinen Rinnsalen hoch in den Bergen am Fuß von Schneefeldern und Gletschern. Zu Anfang beherbergen die kalten, reißenden Bäche noch wenig Leben. Mit Erreichen tieferer Regionen, der Zunahme an Wasserpflanzen und der damit einhergehenden reicheren Wirbellosenfauna wächst der Fischreichtum in den durch den Zusammenfluß mehrerer Wasserläufe stetig anschwellenden Wildbächen.

Regenbogenforellen, Purpurforellen und Bachsaiblinge liegen versteckt unter Felsen und schnappen nach Insekten, die auf die Wasseroberfläche fallen oder von der Strömung herangetragen werden. Zu den wenig bekannten Bewohnern schnell fließender Gewässer gehören Fische wie der Bergsauger oder die Langnase. Letzterer verdankt seinen Namen dem langgezogenen, kantigen Kopf, der die Wasserströmung nach oben ableitet. Dadurch wird der Fisch nach unten gegen das Bachbett gepreßt, anstatt von den Wassermassen mitgerissen zu werden. Demselben Zweck dient die kleine Schwimmblase der Langnasen. Fische wie Hechte können sich in den reißenden Bächen hingegen nicht halten und sind auf Seen und langsam fließende Flußläufe beschränkt. Einigen Fischen dienen die klaren, sauerstoffreichen Oberläufe der Flüsse nur als Laichgründe und Kinderstuben. Entlang der Pazifikküste kommen fünf verschiedene Lachsarten vor, und alle sind in den Gewässern British Columbias vertreten. Das Leben der Lachse spielt sich in einem großen Kreislauf ab. Aus dem Laich schlüpfen Jungfische, die abhängig von der Art im Verlauf von einigen Wochen oder erst im Alter von über einem Jahr in das Meer wandern. Nach Jahren in der offenen See kehren die inzwischen ausgewachsenen Tiere zu den Gewässern zurück, in denen sie geboren wurden, um dort den Kreislauf zu schließen und zu laichen. Mit Erreichen des Süßwassers fressen die Lachse nicht mehr. Bei der Wanderung die Flüsse hinauf leben die Fische ausschließlich von ihren Körperreserven. Nach der Laichzeit sind diese erschöpft, und kurz nach der Eiablage verenden die Tiere.

Für das Leben in und an den Flüssen sind die Lachse von entscheidender Bedeutung. Durch ihre Laichwanderungen bringen sie den Nährstoffreichtum des Meeres auch in entlegene Täler im Landesinnern. Schwarz- und Braunbären tun sich an dem Fischreichtum gütlich. Otter verfolgen die Lachse unter Wasser. Forellen, Gänsesäger, Wasseramseln und Schellenten laben sich am Laich. Die Fischleichname dienen Weißkopfseeadlern und zahlreichen Insekten als Nahrung. Kadaver, die im Fluß verbleiben, werden zu Nährstoffquellen, versorgen Kleinstorganismen und unterstützen das Wachstum von Wasserpflanzen. Die gesamte Nahrungskette profitiert und ist abhängig von der alljährlichen Rückkehr der Lachse.

Die größte Lachsart, die unter den Namen Quinnat, Chinook oder auch King Salmon bekannt ist, erreicht eine Länge von 1,6 m und ein Gewicht von 60 kg. Der größte Fisch in den Flüssen British Columbias ist der Quinnat damit aber bei weitem nicht. Diese Ehre fällt dem Weißen Stör zu. Störe wachsen zwar im Vergleich zu Lachsen äußerst langsam, können aber über 100 Jahre alt werden. Ende des letzten Jahrhunderts wurde nahe New Westminsters ein Exemplar aus dem Fraser River gezogen, das 630 kg wog und 6 m lang war. Von der Überfischung in den Folgejahren haben sich die Störpopulationen nie völlig erholt, so daß Fänge in dieser Größenordnung heute unbekannt sind.

1 Regenbogenforelle / Rainbow Trout / *Oncorhynchus mykiss*
2 Quinnat / King Salmon / *Oncorhynchus tshawytscha*
3 Keta / Chum Salmon / *Oncorhynchus keta*
4 Kisutch / Silver Salmon / *Oncorhynchus kisutch*
5 Buckellachs / Pink Salmon / *Oncorhynchus gorbuscha*
6 Blaurückenlachs / Red Salmon / *Oncorhynchus nerka*
7 Bachsaibling / Brook Trout / *Salvelinus fontinalis*
8 Wandersaibling / Arctic Char / *Salvelinus alpinus*
9 Seesaibling / Lake Trout / *Salvelinus namaycush*
10 Purpurforelle / Cutthroat Trout / *Salmo clarki*
11 Weißer Stör / White Sturgeon / *Acipenser transmontanus*
12 Redsider Shiner / *Richardsonius balteatus*
13 Langnase / Longnose Dace / *Rhinichthys cataractae*
14 Bergsauger / Mountain Sucker / *Catostomus platyrhynchus*
15 Hecht / Northern Pike / *Esox lucius*
16 Sibirische Äsche / Arctic Grayling / *Thymallus arcticus*
17 Pazifisches Neunauge / Pacific Lamprey / *Lampetra tridentata*
18 Aaalquappe / Burbot / *Lota lota*

1
25–50 cm
♂
2
1,60 m
3 ♂
max. 100 cm
4
100 cm
5
♀
40–50 cm
♂
6
85 cm
♂
7
max. 50 cm
15–75 cm
8
11
3,80 m
9
30–50 cm,
max. 100 cm
10
75 cm
13
12
18 cm
♂
18 cm
15
14
60 cm
max.
1,50 m
16
76 cm
17
76 cm
18
95 cm

# Giganten der Meere

Vor Point Adolphus in der Icy Strait nahe des Glacier Bay National Park beginnt sich im Wasser ein weiter Ring aus kleinen Luftblasen abzuzeichnen. Immer mehr Luftblasen perlen aus der blaugrünen Tiefe zur Oberfläche. Der Ring zieht sich zusammen, bis in seiner Mitte plötzlich ein riesiges, geöffnetes Maul erscheint. Ein 40 t schwerer, 15 m langer Buckelwal ist dabei, sich den Magen zu füllen. Buckelwale gehören zu den Bartenwalen. Anstelle von Zähnen besitzen sie bis zu 800 Keratinkämme, die vom Oberkiefer herabhängen. Mit ihnen seihen sie ihre Nahrung aus dem Wasser. Obwohl ihr Maul fast 600 Liter faßt, würde sich aber in der Regel nach Auspressen des Wassers nur relativ wenig Verwertbares zwischen den Kämmen wiederfinden. Insbesondere Kleinfische hätten schon lange die Flucht ergriffen. Um ihre Beute auf kleinem Raum zu konzentrieren, haben die Buckelwale daher eine besondere Technik entwickelt: In enger werdenden Spiralen tauchen sie senkrecht nach oben auf und atmen zur gleichen Zeit langsam aus. Luftblasen bilden so ein sich zusammenziehendes Netz, das die verwirrte Beute gefangen hält.
Etwa 300–350 Buckelwale erscheinen jeden Sommer in den Fjorden Südostalaskas und können häufig von den Fähren und Kreuzfahrtschiffen aus beobachtet werden. Die reichen Fisch- und Krillvorkommen ziehen sie an. Täglich müssen sie eine Tonne Nahrung zu sich nehmen, um genug Fettreserven für den Rest des Jahres aufzubauen. Die Wintermonate sind für sie eine Fastenzeit, die die Buckelwale Alaskas in den warmen Gewässern um Hawaii und Mexiko verbringen. Dort paaren sie sich und gebären ihre Jungen.
Etwa 20 verschiedene Walarten kommen vor der Küste British Columbias und Alaskas vor, vom 2 m langen Schweinswal bis zum größten Tier der Erde, dem bis zu 30 m langen Blauwal. Alle Bartenwale mit Ausnahme des Grönlandwals, der sein gesamtes Leben nahe der Packeisgrenze verbringt, sind Sommergäste, da ihre Nahrungsgrundlage im Winter entweder fehlt oder stark reduziert ist.
Zu diesen Fernreisenden unter den Walen gehört auch der Grauwal. Jedes Jahr ziehen 20.000 dieser Tiere von den Lagunen Baja Californias in Mexiko die Küste hinauf bis zur Bering Sea. Sechs bis acht Wochen benötigen sie für diese 10.000 km lange Reise. Vor Südostalaska sieht man sie zwischen März und Ende Mai. Im September treten sie die Rückreise an.
Das Zugverhalten der in den küstennahen Gewässern lebenden Zahnwale ist deutlich schwächer ausgeprägt als das der Bartenwale. Denn einerseits ist ihre Nahrungsgrundlage nicht so starken Schwankungen unterworfen. Andererseits sind die Tiere meist in der Lage, auf andere Beute umzuschwenken. An der Spitze der Nahrungskette in den Küstengewässern stehen die Schwertwale. Sie leben in Familiengruppen, die von alten Weibchen geführt werden. Aufgrund neuerer Erkenntnisse unterscheidet man heute zwischen ortstreuen und wandernden Familiengruppen, deren Mitglieder nach Ansicht mancher Biologen sogar verschiedenen Arten zugeordnet werden sollten. Die sogenannten Ortstreuen leben in großen Verbänden mit bis zu 80 Tieren und ernähren sich von Fischen. Wandernde Familiengruppen sind hingegen klein, ihre Beute besteht aus marinen Säugetieren wie Seehunden, Tümmlern oder auch Bartenwalen. Die Beobachtung, daß Schwertwale gelegentlich andere Wale einschließlich der Blauwale angreifen und erlegen, hat ihnen im letzten Jahrhundert den Namen „Killer of Whales“ eingebracht. Daraus wurde später „Killerwal“, eine unglückliche Bezeichnung, die falsche Assoziationen weckt. Sie wurde inzwischen zugunsten der Namen „Orca“ oder „Schwertwal“ weitestgehend aufgegeben.

1 Finnwal / Fin Whale / *Balaenoptera physalus*
2 Seiwal / Sei Whale / *Balaenoptera borealis*
3 Zwergwal / Minke Whale / *Balaenoptera acutorostrata*
4 Blauwal / Blue Whale / *Balaenoptera musculus*
5 Buckelwal / Humpback Whale / *Megaptera novaeangliae*
6 Grauwal / Gray Whale / *Eschrichtius robustus*
7 Grönlandwal / Bowhead Whale / *Balaena mysticetus*
8 Nordkaper / Right Whale / *Eubalaena glacialis*
9 Kleiner Schwertwal / False Killer Whale / *Pseudorca crassidens*
10 Schwertwal / Orca / *Orcinus orca*
11 Weißstreifendelphin / Pacific White-sided Dolphin / *Lagenorhynchus obliquidens*
12 Dall-Hafenschweinswal / Dall's Porpoise / *Phocoenoides dalli*
13 Schweinswal / Harbor Porpoise / *Phocoena phocoena*
14 Indischer Grindwal / Short-finned Pilot Whale / *Globicephala macrorhynchus*
15 Beluga / *Delphinapterus leucas*

1
20 m
2
15 m
3
8 m
4
30 m
5
13 m
6
14 m
7
15 m
8
17 m
9
5 m
10
6–8 m
11
2,20 m
12
2 m
13
1,50 m
14
5–6 m
15
3–5 m

# Bestimmungsteil

## Tiere und Pflanzen

## 1 **Schneeschuhhase** Snowshoe Hare *Lepus americanus (Leporidae)*

KR 35–46 cm G 900–1.400 g

**Merkmale** Fell im Sommer gelb- bis graubraun und im Winter weiß gefärbt; Spitzen der Ohren schwarz; große Hinterfüße mit weit auseinanderstehenden Zehen.

**Vorkommen** In Alaska und Kanada weit verbreitet; im Westen der USA bis ins nördliche Kalifornien. In Nadelwäldern, baumbestandenen Mooren und Strauchgebieten mit viel Deckung.

**Wissenswertes** Junge Schneeschuhhasen rennen binnen einer Stunde nach der Geburt. Die nördlichen Populationen der Schneeschuhhasen unterliegen in ihrer Dichte einem 9–11jährigen Zyklus, der vom Nahrungsangebot bestimmt wird. Zum Höhepunkt des Zyklus sind Schneeschuhhasen ein gewohnter Anblick in den Wäldern. Durch Überweidung und Kahlfraß rauben sich die Tiere allerdings die eigene Nahrungsgrundlage, und die Populationen kollabieren nach Erreichen des Maximums. In den folgenden Jahren steigt die Zahl der Schneeschuhhasen langsam wieder an.

## 2 **Alaska-Pfeifhase** Collared Pika *Ochotona collaris (Ochotonidae)*

KR 18–20 cm G 100–140 g

**Merkmale** Hamstergroßer Hase mit kurzen Hinterbeinen; Ohren groß und rundlich; Fell bräunlich, grauer Kragen an Schulter und Hals; kurzer Schwanz nicht sichtbar.

**Vorkommen** Vom südöstlichen und zentralen Alaska über das Yukon Territory und das nördliche British Columbia bis in die westlichen Northwest Territories. Auf alpinen Geröllhalden und Felsinseln.

**Wissenswertes** Die geselligen, tagaktiven Tiere leben in Kolonien. Aufgrund ihrer Fellfärbung sind sie kaum zwischen den Felsen zu erkennen; meist verraten ihre Warnrufe, das namensgebende Pfeifen, ihre Anwesenheit. Im Süden schließt sich an ihr Verbreitungsgebiet das des **Amerikanischen Pfeifhasen** *(Ochotona princeps)* an. Größe und Habitus sind ähnlich, allerdings fehlt dem Fell der graue Kragen.

## 3 **Kleines Streifenhörnchen** Least Chipmunk *Tamias minimus (Sciuridae)*

KR 9,5–11 cm G 30–85 g

**Merkmale** Klein, in der Fellfärbung variabel, meist graubraun mit schwarzen Seitenstreifen, Flanken orangebraun; Ohren vorne gelbbraun.

**Vorkommen** In Kanada vom südlichen Yukon Territory und dem östlichen British Columbia bis nach Quebec. In Graslandschaften und offenen Nadelwäldern.

**Wissenswertes** Auf Zeltplätzen sind Kleine Streifenhörnchen ein häufiger Tischgast. Brotkrumen und andere Essensreste locken sie an. Ihre natürliche Nahrung setzt sich aus Nüssen, Samen, Beeren, Pilzen und Wirbellosen zusammen. Von den 20 Streifenhörnchenarten im Westen Nordamerikas ist diese Art die zierlichste und besitzt die hellste Fellfärbung. Eine weitere, häufige Art in den offenen Nadelwäldern British Columbias ist das **Gelbe Fichtenstreifenhörnchen** *(Tamias amoenus)*. Bei dieser Art ist die Vorderseite der Ohren schwarz.

## 4 **Haariges Murmeltier** Hoary Marmot *Marmota caligata (Sciuridae)*

KR 28–57 cm G 3,6–9 kg

**Merkmale** Rücken silbergrau; Hüfte braun; Schwanz rotbraun; Pfoten dunkelbraun; weißer Fleck über der Nase; schwarzer Stirnstreifen.

**Vorkommen** Ganz Alaska sowie Yukon Territory, British Columbia und westliches Alberta. Auf alpinen Geröllhalden und Bergwiesen.

**Wissenswertes** Die Nahrungsgrundlage des Haarigen Murmeltiers besteht fast ausschließlich aus Gräsern und Blumen. Ihr Territorium verteidigen die Haarigen Murmeltiere heftigst gegen Konkurrenten. Während des Sommers ernähren sie sich vegetarisch und fressen sich ein dickes Fettpolster an. Den Winter verschlafen die Murmeltiere und decken ihren Energiebedarf durch das im Sommer angelegte Fettdepot. Im Norden ihres Verbreitungsgebietes verbringen die Tiere sieben bis acht Monate in ihren unterirdischen Winterquartieren.

1

2

3

4

## 1 Parry-Ziesel Arctic Groundsquirrel *Spermophilus parryii (Sciuridae)*

KR 22–26 cm G 680–800 g

**Merkmale** Kopf und Schultern gelbbraun bis rötlich; Rücken rot- bis graubraun mit zahlreichen weißen Punkten; im Herbst aufgrund des nachwachsenden Winterfells grauer gefärbt.

**Vorkommen** In ganz Alaska, dem Yukon Territory, den Northwest Territories und dem nördlichen British Columbia. Das Verbreitungsgebiet überschneidet sich nicht mit dem anderer Erdhörnchen. Auf subalpinen Wiesen, in der Tundra, an Fluß- und Seeufer und auf Sandbänken.

**Wissenswertes** Das Parry-Ziesel lebt in kleinen Kolonien. Die Bauten werden über Jahre benutzt, besitzen mehrere Eingänge und bestehen aus einem ausgedehnten Netz von Gängen und Kammern. Grizzlies betreiben erheblichen Aufwand, um sie aus ihren Bauten auszugraben. Die Tiere halten Winterschlaf, wobei die Körpertemperatur unter den Gefrierpunkt absinken kann. Um zu verhindern, daß das Gewebe gefriert und die Zellen platzen, produziert ihr Körper eine Substanz, die wie ein Gefrierschutzmittel wirkt.

## 2 Rothörnchen Red Squirrel *Tamiasciurus hudsonicus (Sciuridae)*

KR 18–23 cm G 140–252 g

**Merkmale** Kleinstes baumbewohnendes Hörnchen in seinem Verbreitungsgebiet; Kopf, Rücken, Schwanz und Flanken rost- bis graurot; Bauch weiß oder grau; buschiger Schwanz so lang wie der Körper.

**Vorkommen** In ganz Alaska und Kanada. In Wäldern.

**Wissenswertes** Rothörnchen sind keine Nahrungsspezialisten. Obwohl sie sich in Nadelwäldern in erster Linie von Kiefernsamen ernähren und kleine Zapfenberge als Winterlager anlegen, verschmähen sie weder Pilze noch Insekten. Sie betätigen sich auch als Nesträuber. Sogar Ahornsaft wird als Nahrungsquelle herangezogen. Hierzu beißen sie durch die Rinde bis in das Holz und lassen den Saft ausströmen. Dieser wird nicht sofort aufgeleckt, vielmehr warten die Rothörnchen ab, bis das Wasser verdunstet ist und der Saft einen höheren Zuckergehalt von bis zu 55 % besitzt.

## 3 Nördliches Gleithörnchen Northern Flying Squirrel *Glaucomys sabrinus (Sciuridae)*

KR 15–19 cm G 45–70 g

**Merkmale** Ein sehr kleines Hörnchen; Oberseite schokoladenbraun; Unterseite weiß; abgeflachter Schwanz; lockere Hautfalte zwischen Vorder- und Hinterbeinen.

**Vorkommen** Östliches Alaska und Kanada. In Nadel und Mischwäldern.

**Wissenswertes** Die Tiere sind relativ häufig, werden durch ihre nächtliche Lebensweise aber nur selten beobachtet. Den Tag verschlafen sie in Baumhöhlen. Der Flug ist ein langgezogenes Gleiten mit gespreizten Beinen von Baum zu Baum. Kurz vor Erreichen des nächsten Baumes richten sie sich auf und landen sanft am Stamm. Ihre Nahrung besteht in erster Linie aus Flechten und Pilzen. Bei der Nahrungssuche verbreiten sie Pilzsporen und Bakterien, die die Bäume für die Wasser- und Nährstoffaufnahme benötigen.

## 4 Grauhörnchen Eastern Gray Squirrel *Sciurus carolinensis (Sciuridae)*

KR 22–26 cm G 400–710 g

**Merkmale** Graue Grundfärbung; gelbbraunes Unterfell insbesondere an Kopf, Schultern und Rücken; buschiger, körperlanger Schwanz; im Norden des Verbreitungsgebietes vielfach auch eine schwarze Farbvariante.

**Vorkommen** Im Südosten Kanadas. In Laub- und Mischwäldern. Insbesondere im Gebiet um Vancouver in Parkanlagen häufig.

**Wissenswertes** Die Tiere bauen Nester aus Zweigen und Rinde in Bäumen, im Winter werden Baumhöhlen benutzt. Als Winternahrung dienen in großem Maße vergrabene Nüsse. Der gemäßigte äußerste Südwesten British Columbias stellt auch die nördliche Verbreitungsgrenze der etwas größeren **Westlichen Grauhörnchen** *(Sciurus griseus)* dar. Schwarze Individuen dieser Art sind nicht bekannt.

1

2

3

4

## 1 Kanadabiber American Beaver *Castor canadensis (Castoridae)*

KR 60–76 cm G 20–27 kg, max. 39 kg

**Merkmale** Sehr großes Nagetier mit rundlichem Kopf, kleinen Ohren und kompaktem Körperbau; Fell dunkelbraun; Schwanz schwarz, horizontal abgeflacht, ruderförmig und schuppig.

**Vorkommen** In Alaska und Kanada mit Ausnahme der arktischen Regionen. Entlang von Flüssen und Bächen, an Seen und Teichen.

**Wissenswertes** Biber leben an Flüssen in Bauen in der Uferböschung, an Seen und Bächen in den bekannten Biberburgen. Der Eingang liegt unter der Wasseroberfläche. Die Tiere ernähren sich von weichem Holz wie dem von Birken und Pappeln. Biber leben in Familiengruppen. Bei Gefahr warnen sie ihre Artgenossen, indem sie mit dem Schwanz auf das Wasser schlagen.

## 2 Bisamratte Muskrat *Ondatra zibethicus (Muridae)*

KR 23–31 cm G 540–1.800 g

**Merkmale** Mittelgroßer Nager mit dichtem, dunkelbraunem Fell; an den Seiten etwas heller; Ohren klein; Schwanz lang, seitlich abgeflacht und schuppig. Hinterfüße teilweise durch Schwimmhäute verbunden.

**Vorkommen** In ganz Kanada und Alaska mit Ausnahme arktischer Regionen. In Süß- und Salzwasserfeuchtgebieten, in Seen, Flüssen und Kanälen.

**Wissenswertes** Bisamratten bauen Schwimmnester aus Gräsern und Schilf. Ihre Nahrung besteht in erster Linie aus Wasserpflanzen. Die Tiere sind durch die schlängelnde Bewegung des Schwanzes leicht von jungen Bibern zu unterscheiden.

## 3 Nordrötelmaus Southern Red-backed Vole *Clethrionomys gapperi (Muridae)*

KR 9–11 cm G 16–42 g

**Merkmale** Oberseite rostrot; seitlich grau oder gelbbraun, Unterseite grau bis gelbweiß; Schwanz kurz und schmal.

**Vorkommen** Im südlichen Kanada; in British Columbia weit verbreitet außer im Nordwesten. In kühlen, feuchten Wäldern, in Mooren und Sümpfen.

**Wissenswertes** Nordrötelmäuse werden meist nicht älter als 10–12 Monate. Im Moos benutzen sie feste Pfade. In Alaska und Nordwest-Kanada ist die **Polarrötelmaus** *(Clethrionomys rutilus)* weit verbreitet. Als Unterscheidungsmerkmal dient eine hellere Färbung sowie der dicht behaarte und sehr kurze Schwanz.

## 4 Hirschmaus Deer Mouse *Peromyscus maniculatus (Muridae)*

KR 7–10 cm G 10–33 g

**Merkmale** Fellfärbung variabel, häufig Oberseite grau bis rotbraun; Unterseite weiß; Schwanz ebenso lang wie der Körper und kurz behaart.

**Vorkommen** In ganz Kanada außer der Arktis und dem westlichen Yukon Territory, nicht in Alaska. Auf der Prärie, in Graslandschaften, in Buschland und in Wäldern.

**Wissenswertes** Die Hirschmaus ist eine der häufigsten Kleinsäugetiere Nordamerikas und kann in fast allen Lebensräumen angetroffen werden. Für viele Kleinräuber, Greifvögel und Eulen stellt sie die Hauptnahrungsquelle dar. Bisher wurden über 100 Unterarten beschrieben.

## 5 Sibirischer Lemming Brown Lemming *Lemmus sibiricus (Muridae)*

KR 10–14 cm G 48–113 g

**Merkmale** Oberseite kastanienbraun; Unterseite gelbgrau; Kopf grau; Ohren im Fell verborgen.

**Vorkommen** In Alaska und Nordkanada, im Gebirge bis ins nördliche Britisch Columbia. Auf der Feuchttundra und auf Bergwiesen.

**Wissenswertes** Der Sibirische Lemming zeigt wie sein naher Verwandter, der Skandinavische Lemming, stark zyklische Populationszahlen. Alle drei bis vier Jahre erreichen sie ein Maximum. Anschließend folgt durch Überbevölkerung und Nahrungsknappheit ein Zusammenbruch der Populationsdichte.

1

2

3

4

5

## 1 **Urson** oder **Stachelschwein** Porcupine *Erethizon dorsatun (Erethizontidae)*

KR 50–63 cm G 3,5–18 kg

**Merkmale** Körper groß und kompakt; Rücken hoch gekrümmt; Beine kurz; Gang watschelnd; lange Leithaare, Fell schwarz (Osten) bis gelblich (Westen); lange schwarz-weiße Stacheln an Rumpf und Schwanz.

**Vorkommen** In Alaska und Kanada mit Ausnahme der Hocharktis, außerdem im Westen der USA. In Wäldern und offenen Buschlandschaften.

**Wissenswertes** Stachelschweine ernähren sich im Sommer hauptsächlich von Blättern und Blumen, im Winter von Zweigen und Rinde. Ein Stachelschwein besitzt etwa 30.000 mit Widerhaken versehenen Stacheln, die sich aus verschmolzenen Haaren entwickelt haben. Sie sind lose mit einer Muskelschicht unter der Haut verbunden, wodurch sie aufgerichtet werden können. Bei Berührung lösen sie sich vom Tier und bohren sich tief in den Angreifer hinein.

## 2 **Nördliche Taschenratte** Northern Pocket Gopher *Thomomys talpoides (Geomyidae)*

KR 12–16 cm G 78–130 g

**Merkmale** Körper kräftig; Hals kurz; Ohren klein und rund; Fell kurz; Färbung gelbbraun bis grau mit schwarzem Ohrenfleck; weiße Zeichnung an der Kehle; Schwanz 4–7,5 cm lang.

**Vorkommen** Im südlichen British Columbia östlich des Küstengebirges und im südlichen Alberta. Auf Wiesen und an Wasserläufen im Gebirge und Tiefland.

**Wissenswertes** Die Taschenratten besitzen äußere, innen behaarte Backentaschen. Diese füllen sie mit Nahrung und Nistmaterial. Um die Hautfalten zu leeren, pressen sie den Inhalt mit den Vorderpfoten nach vorne, bis sich die Taschen umstülpen. Ein besonderer Muskel zieht die Tascheninnenseite wieder zurück. Die Tiere sind Einzelgänger und verbringen den größten Teil ihres Lebens in ihren unterirdischen Gängen.

## 3 **Große Braune Fledermaus** Big Brown Bat *Eptesicus fuscus (Vespertilionidae)*

KR 6,2–7,5 cm G 13–18 g

**Merkmale** Eine große Fledermaus; Oberseite hell- bis tiefbraun; Bauch heller; Flügelmembran schwarz; Flügel unbehaart; Tragus (Ohrenzapfen) kurz, breit, abgerundet.

**Vorkommen** Im südlichen Kanada und in den USA mit Ausnahme von Alaska. In Ackerland, Städten, Parkanlagen und Wäldern.

**Wissenswertes** Fledermäuse in Häusern in Stadtgebieten gehören meist zu dieser Art. Zum Winterschlaf zieht sich die Große Braune Fledermaus in kleine Spalten zurück. Zum Teil gräbt sie sich sogar in die Dachisolation ein. Sie erreicht Fluggeschwindigkeiten von bis zu 65 km/h. Die Hauptnahrung besteht aus verschiedenen Käferarten, aber auch Heuschrecken verschmähen die Tiere nicht. Da es sich dabei in erheblichem Maße um Schädlinge handelt, profitiert die Landwirtschaft stark von einer hohen Populationsdichte. Wie fast alle *Vespertilionidae* besitzen sie ein gut entwickeltes Echolotsystem zur Orientierung.

## 4 **Kleine Braune Fledermaus** Little Brown Myotis *Myotis lucifugus (Vespertilionidae)*

KR 3,8–5,3 cm G 3–14 g

**Merkmale** Fell oberseits glänzend braun, unterseits gelbbraun. Haare an den Zehen stehen über dieselben hinaus; Tragus (Ohrenzapfen) abgerundet.

**Vorkommen** In Alaska und Kanada mit Ausnahme der Arktis. Entlang von Wasserläufen und Seen.

**Wissenswertes** Im Sommer bilden die Tiere Brutkolonien, die Tausende von Individuen umfassen können **(4b)**. Kleine Braune Fledermäuse paaren sich im Spätsommer. Die Befruchtung der Eizelle und die Embryonalentwicklung erfolgt allerdings erst im darauffolgenden Mai. Während der kalten Jahreszeit ziehen sie sich zum Winterschlaf in Höhlen zurück. Der nitratreiche Guano der Kleinen Braunen Fledermaus wurde bis Mitte dieses Jahrhunderts als Düngemittel verkauft. Eine einzelne Fledermaus erbeutet in einer warmen Sommernacht über 1.000 Fliegen, Stechmücken und Motten.

1

2

3

4a

4b

## 1 **Kojote** Coyote *Canis latrans (Canidae)*

KR 75–93 cm G 9,1–18,2 kg, max. 25 kg

**Merkmale** Oberseite silbergrau oder orangegrau; Unterseite gelbbraun; Beine lang, rostrot bis gelblich mit schwarzem vertikalem Streifen auf dem unteren Vorderlauf; Schwanz buschig mit schwarzer Spitze; Ohren groß; Schnauze spitz.

**Vorkommen** In Süd- und Westkanada, in den USA einschließlich Süd- und Zentral-Alaska. In offenem Buschland und auf der Prärie.

**Wissenswertes** Kojoten sind äußerst anpassungsfähige Tiere, die sogar in Städten ein heimliches Leben führen. Einzelne Tiere leben z. B. im Stanley Park nahe dem Stadtzentrum von Vancouver. Sie jagen meist kleinere Wirbeltiere wie Hasen, Erdhörnchen und Vögel. Früchte gehören ebenfalls zu ihrem Nahrungsspektrum. Unter den Hundeartigen sind sie die besten Läufer und legen lange Strecken mit einer Geschwindigkeit von 40–50 km/h zurück.

## 2 **Wolf** Gray Wolf oder Timber Wolf *Canis lupus (Canidae)*

KR 95–155 cm G 26–59 kg

**Merkmale** Fellfärbung von weiß (Arktis) bis schwarz (Waldregionen), vorwiegend aber silbergrau; Schwanz buschig mit schwarzer Spitze; langbeinig; breiter Nasenfleck; unterscheidet sich vom Kojoten in der Größe, durch den beim Lauf nach hinten gestreckten Schwanz und durch die im Verhältnis zum Kopf viel kleineren Ohren.

**Vorkommen** In ganz Alaska und Kanada. Auf offener Tundra und in Waldregionen.

**Wissenswertes** Wölfe sind soziale Tiere, die in Rudeln aus bis zu 25 Tieren leben. Das Territorium eines Rudels kann bis zu 650 $km^2$ umfassen. In der Regel paaren sich nur die zwei Leittiere. Wölfe jagen hauptsächlich Huftiere wie Elche, Hirsche und Karibus. Sie benötigen etwa 1,7 kg Fleisch pro Tag, können aber auch über zwei Wochen ohne Nahrung auskommen.

## 3 **Rotfuchs** Red Fox *Vulpes vulpes (Canidae)*

KR 55–60 cm G 3,6–6,8 kg

**Merkmale** Fell meist rötlich, aber auch grau oder schwarz; Unterseite und Kehle weiß; Unterschenkel und Füße schwarz; Schwanz lang und buschig, mit breiter weißer Spitze; Ohren groß und spitz.

**Vorkommen** In ganz Alaska und Kanada. In landwirtschaftlichen Anbaugebieten, in Wäldern und im Buschland.

**Wissenswertes** Obwohl Rotfüchsen im Volksmund große Intelligenz und Gerissenheit zugesprochen wird, nimmt man an, daß die Tiere lediglich sehr vorsichtig sind. Außerdem sind sie – wie viele andere Hundeartige – in der Lage, aus Erfahrung zu lernen. Obwohl der Rotfuchs weit verbreitet ist, sieht man die scheuen Tiere selten. Ihr Speiseplan ist äußerst facettenreich. Die Tiere fressen, was immer zur Verfügung steht, von Beeren, Nüssen, Äpfeln, Kirschen und Gräsern über Mäuse, Hasen, Erdhörnchen, Grashüpfer bis hin zu Aas.

## 4 **Polarfuchs** Arctic Fox *Alopex lagopus (Canidae)*

KR 48–56 cm G 2,5–4 kg

**Merkmale** Im Winter weiß oder cremefarben; im Sommer Rücken und Beine grau oder blaubraun, Schwanz, Flanken und Bauch gelbbraun; insbesondere auf Inseln auch blaugraue Farbvariante; Gesicht oval; Schnauze kurz; Ohren rund und klein; Schwanz buschig.

**Vorkommen** In Nord- und Westalaska sowie Nordkanada. Auf der Tundra, im Winter auch auf dem Packeis.

**Wissenswertes** Als Anpassung an die Kälte haben Polarfüchse einen kompakten Körperbau, kurze Beine und kleine Ohren. Durch dieses günstige Verhältnis von Volumen zu Körperoberfläche wird der Verlust von Körperwärme stark reduziert. Die 6–12 Jungen werden zwischen April und Juli geboren. Im Sommer sind Lemminge ihre Hauptbeute. Im Winter folgen viele den Eisbären auf das Packeis, um sich von den Überresten ihrer Beute ernähren.

1

2

3

4

## 1 **Schwarzbär** Black Bear *Ursus americanus (Ursidae)*

KR 1,39–1,70 m G 92–267 kg

**Merkmale** Fell schwarz bis zimtfarben; auf einigen Inseln vor British Columbia weiße Rasse, entlang der Küste zwischen Glacier Bay und Prince William Sound (Alaska) auch bläulich; weißer Brustfleck; Schnauze hellbraun; Frontpartie des Kopfes von der Stirn bis zur Nase im Profil gerade.

**Vorkommen** In ganz Alaska und Kanada mit Ausnahme der Arktis und der Prärie. In Waldgebieten.

**Wissenswertes** Die Fellfärbung ist kein verläßliches Kriterium bei der Unterscheidung zwischen Schwarz- und Braunbären. Am sichersten kann man sie am Nasenprofil, dem Fehlen eines Schulterbuckels und der braunen Schnauze erkennen. Schwarzbären ernähren sich vorwiegend vegetarisch, als Inbegriff eines Opportunisten nutzen sie aber jede Nahrungsquelle. Um an Honig zu gelangen, zerlegen sie Bienenstöcke. Im Spätsommer und Herbst statten sie Obsthainen Besuche ab. Die Tiere sind hervorragende Kletterer und suchen bei Gefahr meist Schutz in der Krone eines Baumes. Obwohl ihr leicht pendelnder Schritt auf dem Boden unbeholfen wirkt, sind sie erstaunlich schnell. Sie erreichen eine Spitzengeschwindigkeit von 50 km/h und sind damit schneller als ein Weltklassesprinter.

## 2 **Braunbär** Brown Bear oder Grizzly *Ursus arctos (Ursidae)*

KR 1,70–2,10 m G 147–680 kg, max. 770 kg

**Merkmale** Fell gelbbraun bis dunkelbraun; Leithaar an den Spitzen häufig grau; Muskelbuckel auf der Schulter; Frontpartie des Kopfes von der Stirn bis zur Nase im Unterschied zum Schwarzbär im Profil konkav.

**Vorkommen** In ganz Alaska sowie im Yukon Territory, den Northwest Territories, in British Columbia und im westlichen Alberta. In offenen Landschaften, meist in Gebirgsregionen aber auch entlang Küste und Flüssen.

**Wissenswertes** Braunbären waren ursprünglich im Westen Nordamerikas weit verbreitet. Heute leben südlich der kanadischen Grenze nur noch etwa 1.000 Tiere. In Alberta, British Columbia, dem Yukon Territory und Alaska schätzt man ihre Zahl auf 50.000 Individuen. Im Inland bezeichnet man sie als Grizzlies **(2b)**. Die Riesen entlang der Küste, die sich im Sommer hauptsächlich von Lachsen ernähren, werden Küstenbraunbären **(2a)** genannt. Trotz recht deutlicher Unterschiede im Erscheinungsbild gehören alle derselben Unterart *Ursus arctos arctos* an. Die einzige Ausnahme sind die Bewohner des Kodiak Archipels in Alaska, die Kodiakbären, die man einer eigenen Unterart, *Ursus arctos middendorffi*, zurechnet. Im Gegensatz zu ihren Artgenossen an der Küste ernähren sich Grizzlies zu über 80 % vegetarisch. Sie sind als unberechenbar und äußerst gefährlich verschrien. Unfälle können jedoch bei vernünftigem und vorsichtigem Verhalten vermieden werden.

## 3 **Eisbär** Polar Bear *Ursus maritimus (Ursidae)*

KR 2,10–3,20 m G 420–500 kg, max. 800 kg

**Merkmale** Fell weiß; Nase, Lippen und Augen schwarz; Hals lang; Beine relativ lang; Ohren sehr klein; Männchen deutlich größer als Weibchen.

**Vorkommen** Entlang des nördlichen Rands des amerikanischen Kontinents, selten weit im Inland. An der Küste und auf dem Packeis.

**Wissenswertes** Mit den Küstenbraunbären sind Eisbären die größten Landraubtiere der Welt – wenn man sie als solche bezeichnen will. Den größten Teil ihres Lebens verbringen sie auf dem Packeis. Manche Individuen haben niemals festen Boden unter den Füßen. Die Tiere ernähren sich in erster Line von Robben. Da diese auch im Winter gejagt werden können, ziehen sich Eisbären im Gegensatz zu Braun- und Schwarzbären nicht zur Winterruhe zurück. Lediglich trächtige Weibchen brechen diese Regel, um im Schutz der Höhle ihre Jungen zu gebären. Bei der Geburt wiegen die Jungen weniger als ein Kilogramm. Eisbären fressen von ihrer Beute meist nur den kalorienreichsten Teil. Die rote Muskulatur lassen sie häufig zurück. Polarfüchse begleiten vielfach Eisbären, um sich die Nahrungsreste zu sichern. Die Gesamtpopulation der Eisbären in der Arktis wird auf 40.000 Tiere geschätzt.

1

2b

2a

3

## 1 **Amerikanischer Nerz** Mink *Mustela vison (Mustelidae)*

KR 33–52 cm G 700–1.600 g

**Merkmale** Geschmeidiger Körperbau; Fell schokoladenbraun bis schwarz; weißer Kehlfleck; Schwanz lang und leicht buschig.

**Vorkommen** In ganz Kanada und Alaska mit Ausnahme der Arktis. Entlang von Flüssen, Bächen und Seen.

**Wissenswertes** Bei der Jagd nach ihrer Hauptbeute, der Bisamratte, verbringen die Tiere viel Zeit im Wasser. Sie sind hervorragende Schwimmer und in der Lage, bis zu 5 m tief zu tauchen. In der Regel sind sie nachtaktiv, passen ihre Jagdzeit aber dem Lebensrhythmus ihrer Beute an. Wie alle Wiesel erlegt auch der Amerikanische Nerz seine Beute durch einen Biß ins Genick. Er markiert sein Revier mit der Absonderung aus einer Afterdrüse.

## 2 **Hermelin** Ermine *Mustela erminea (Mustelidae)*

KR 15–25 cm G 45–182 g

**Merkmale** Körper gestreckt; Oberseite dunkelbraun, Unterseite weiß; Schwanz braun mit schwarzer Spitze; Beine kurz; Pfoten weiß; im Norden Körper im Winter bis auf die schwarze Schwanzspitze weiß gefärbt.

**Vorkommen** In Kanada und Alaska. In offenen Wäldern, Buschland, Graslandschaften, Feuchtgebieten und auf Äckern.

**Wissenswertes** Hermeline jagen in erster Linie Mäuse, aber auch Vögel, Frösche, Eidechsen, Schlangen und Insekten. Bei Nahrungsknappheit erlegen sie sogar Tiere, die um ein Mehrfaches schwerer sind als sie, z.B. junge Hasen. Sie lecken das Blut ihrer Beute, bevor sie sie verzehren. Der verbreitete Volksglaube, sie würden ihren Opfern das Blut aussaugen, beruht auf diesem Verhalten. Die Tiere besitzen eine hohe Stoffwechselrate und nehmen pro Tag bis zu 40 % ihres Körpergewichts an Nahrung zu sich.

## 3 **Mauswiesel** Least Weasel *Mustela nivalis (Mustelidae)*

KR 15–17 cm G 37–50 g

**Merkmale** Sehr kleines Wiesel; Oberseite braun, Unterseite weiß; Schwanz sehr kurz und braun; Pfoten weiß; im Norden Fell im Winter weiß.

**Vorkommen** In ganz Kanada und Alaska mit Ausnahme des westlichen und südlichen British Columbia, im Osten bis in die südlichen Appalachen. In Graslandschaften, Buschland und Mooren, seltener in dichten Wäldern.

**Wissenswertes** Das Mauswiesel ist der kleinste Vertreter der Raubtiere. Trotz seiner geringen Größe kann es bis zu 10 km/h schnell rennen. Es ernährt sich vorwiegend von Wühlmäusen aber auch von Spitzmäusen, Maulwürfen, Vögeln und Insekten. Durch seine Körpermaße kann es Mäusen sogar in ihre Bauten folgen. Ergibt sich die Gelegenheit, erlegen die Tiere mehr Beute als sie sofort fressen können. Den Überschuß bewahren sie in ihren Höhlen auf.

## 4 **Waschbär** Racoon *Procyon lotor (Procyonidae)*

KR 41–54 cm G 5,4–21,6 kg

**Merkmale** Oberseite graubraun oder orangebraun, Unterseite grau; weiß umrandete, schwarze Gesichtsmaske; Schwanz buschig mit 4–6 schwarzen Ringen; Hüfte hoch gewölbt; Ohren klein.

**Vorkommen** Im südlichen Kanada. In bewaldeten Regionen und in Feuchtgebieten, häufig auch in Städten.

**Wissenswertes** Waschbären in Gewässernähe scheinen manchmal ihre Nahrung zu waschen. Das Ziel des Tieres ist es allerdings nicht, die Mahlzeit zu säubern, sondern nach nicht eßbaren Teilen zu untersuchen. Auf ihrem Speisezettel stehen Früchte ebenso wie Grashüpfer, Maden, Mäuse, Bisamratten und Jungvögel. Waschbären sind hervorragende Kletterer. Die Gelenkigkeit ihrer Hände entspricht der eines Affen. Sie sind problemlos in der Lage, Kühlschränke zu öffnen und Türknäufe zu drehen. Einen Winterschlaf halten Waschbären nicht. Aufgrund ihres umfangreichen, körpereigenen Fettdepots sind Waschbären während der kalten Jahreszeit nicht gezwungen, auf Nahrungssuche zu gehen.

1

2

3

4

## 1 **Stinktier** oder **Streifenskunk** Striped Skunk *Mephitis mephitis (Mustelidae)*

KR 34–41 cm G 2,7–6,3 kg

**Merkmale** Körper schwarz mit zwei breiten weißen Streifen auf dem Rücken, die sich auf Kopf und Schulter treffen; schmaler weißer Streifen von der Nase bis zur Stirn; Schwanz buschig, meist mit weißer Spitze oder weiß umrandet.

**Vorkommen** Im südlichen Kanada und in den USA mit Ausnahme von Alaska. In offenen Wäldern, in Gras- und Buschland und in Vororten.

**Wissenswertes** Die Fellfärbung der meisten Säugetiere dient der Tarnung. Im Gegensatz hierzu steht die auffallende Musterung der Stinktiere. Sie signalisieren damit einem potentiellen Feind, man sollte sie besser in Ruhe lassen. Ihre Afterdrüsen produzieren eine übelriechende, ölige, gelbliche Flüssigkeit. Bei Bedrohung fauchen die Tiere und heben ihren Schwanz. Reicht dies nicht aus, drehen sie ihr Hinterteil herum und besprühen den Angreifer mit dem Moschus. Sie können die Flüssigkeit über mehrere Meter versprühen. Der Gestank reizt die relativ unempfindliche menschliche Nase noch aus über 1 km Entfernung. Trifft der Moschus die Augen, ist für kurze Zeit die Sehkraft stark beeinträchtigt, und ein beißender Schmerz sorgt dafür, daß das Tier in unangenehmer Erinnerung bleibt. Das Stinktier kennt mit Ausnahme des Menschen nur einen Feind, den Amerikanischen Uhu.

## 2 **Amerikanischer Dachs** American Badger *Taxidea taxus (Mustelidae)*

KR 42–71 cm G 3,6–11,4 kg

**Merkmale** Körper breiter als hoch; Beine kurz, nach außen gebogen; Fell zottig und silbergrau bis braun; Schwanz kurz und buschig, gelbbraun; Gesicht dunkelbraun oder schwarz mit weißen Wangen; schmaler weißer Streifen von der Nase bis zur Stirn; Pfoten dunkel; Vorderpfoten mit langen Krallen; Ohren klein.

**Vorkommen** Im südöstlichen British Columbia und in Alberta. In offenem Gelände, auf Farmland und an Waldrändern.

**Wissenswertes** Wenige Tiere legen sich mit Dachsen an. Ihr dickes Fell, die lose auf der Muskulatur liegende Haut und der kräftige Nacken bewahren sie vor Verletzungen, während sie sich mit scharfen Krallen und Zähnen verteidigen. Trotzdem gehen Dachse Konfrontationen aus dem Weg und ziehen sich wenn möglich in ihren Bau zurück. Sie sind wahre Meister im Anlegen von Erdhöhlen. Dachse können schneller graben als ein mit einer Schaufel ausgerüsteter Mensch. Sie ernähren sich von Erdhörnchen, Mäusen und Ratten. Ein einzelner Dachs kann eine ganze Erdhörnchenkolonie zerstören. Sie besitzen zudem eine Vorliebe für Klapperschlangen. Offensichtlich schadet ihnen das Schlangengift wenig, solange sie nicht in die Nase gebissen werden.

## 3 **Vielfraß** Wolverine *Gulo gulo (Mustelidae)*

KR 63–87 cm G 8,2–19,1 kg

**Merkmale** Massiger Körper, in der Statur an einen Bären erinnernd; Fell dunkelbraun mit seitlich jeweils einem breiten, gelblichen Streifen von der Schulter bis zur Schwanzwurzel; Beine kurz; Kopf breit und flach.

**Vorkommen** In Alaska, West- und Nordkanada. In Wäldern und auf der Tundra.

**Wissenswertes** Vielfraße sind die größten Vertreter aus der Verwandtschaft der Wiesel. Aufgrund ihrer Aggressivität haben sie einen schlechten Ruf. Trotz der körperlichen Unterlegenheit vertreiben sie sogar Berglöwen und Bären von ihrer Beute. Ihr Ruf leidet zudem darunter, daß sie manchmal in abgelegene Hütten einbrechen und alles, was sich als ungenießbar erweist, mit Moschus oder Urin markieren. Die Tiere sind Opportunisten und machen sogar auf Hirsche und Elche Jagd, wenn diese durch tiefen Schnee behindert werden. Weder Biber noch Stachelschweine sind vor ihnen sicher. Sie jagen Erdhörnchen und Vögel, rauben Nester aus, fressen Wurzeln und Beeren, und manchen sich über Aas her. Vielfraße sind Einzelgänger. Lediglich zwischen der Mutter und den Jungen existiert für zwei Jahre eine feste Bindung. Das Fell der Tiere wird verwendet, um Kapuzen damit zu besetzen. Die Haare sind von einem körpereigenen Fett benetzt, wodurch sich kein Frost daran bildet.

1

2

3

## 1 Nordamerikanischer Fischotter Northern River Otter *Lutra canadensis (Mustelidae)*

KR 59–81 cm G 5–14 kg

**Merkmale** Körper länglich; Kopf breit und flach; Oberseite dunkelbraun, erscheint schwarz, wenn das Tier naß ist, Unterseite heller; Kehle häufig silbergrau; Ohren und Augen klein; Schwanz dick an der Wurzel und zur Spitze hin dünner werdend; Zehen durch Schwimmhäute verbunden.

**Vorkommen** In ganz Alaska und Kanada mit Ausnahme der Arktis. Entlang von Flüssen und Seen in bewaldeten Regionen, auch weit entfernt von Wasserläufen anzutreffen.

**Wissenswertes** Die Tiere können mehrere Minuten unter Wasser bleiben, dabei 400 m weit schwimmen und bis zu 17 m tief tauchen. Sie ernähren sich in erster Linie von Fischen, fressen aber auch Kleinsäuger und Wirbellose. Fischotter sind äußerst verspielt. Im Winter sausen sie mit Vergnügen Schneehänge hinab. Sie sind tagaktiv, solange sie von Störungen verschont bleiben.

## 2 Seeotter Sea Otter *Enhydra lutris (Mustelidae)*

KR 50–145 cm G 11,4–36,3 kg

**Merkmale** Fell dunkelbraun; Kopf und Nacken grau; Kopf alter Männchen weiß; Schwanz kurz, dick an Wurzel und dünn auslaufend; Zehen durch Schwimmhäute verbunden; Hinterfüße flossenähnlich.

**Vorkommen** An der Pazifikküste von Alaska bis Kalifornien. Küstengewässer innerhalb einer Seemeile vom Land, insbesondere über Tangwäldern.

**Wissenswertes** Seeotter fressen, schlafen, paaren sich und gebären ihre Jungen im Wasser. An Land sind die Tiere nur äußerst selten anzutreffen. Auf einen Quadratzentimeter drängen sich bei den Seeottern bis zu 100.000 Haare, da sie zum Schutz vor Unterkühlung fast vollständig auf ihr Fell angewiesen sind. Wegen ihres dichten, weichen Fells wurden Seeotter früher von Pelzjägern stark verfolgt. 1911, als dem Massaker schließlich mittels eines internationalen Abkommens Einhalt geboten wurde, waren sie fast ausgerottet. Inzwischen haben sich die Populationen in Alaska und in Kanada wieder einigermaßen erholt. Seeotter benutzen Steine, um Muscheln aufzuklopfen.

## 3 Luchs Lynx *Felis lynx canadensis (Felidae)*

KR 69–93 cm G 5,1–18,1 kg

**Merkmale** Mittelgroße Katze; Fell hellgrau mit vereinzelten braunen oder schwarzen Haaren; lange schwarze Haarbüschel auf den Ohren; helle Fellkrause an den Wangen, Kehle mit geteiltem Bart; Schwanz kurz mit schwarzer Spitze; Pfoten groß.

**Vorkommen** In Alaska und Kanada mit Ausnahme der Arktis und der Westküste. In tiefen Nadelwäldern, Mooren, Sümpfen und Dickichten.

**Wissenswertes** Luchse sind Einzelgänger und ernähren sich zu 75 % von Schneeschuhhasen. Deren Dichte ist erheblichen Schwankungen unterworfen, die sich zwangsweise auch auf die Luchse auswirken. In Jahren des Überflusses sieht man Luchse recht häufig, nach dem Zusammenbruch der Hasenpopulationen hingegen fast nie. Am Tiefpunkt des Hasenzyklus greifen Luchse sogar größere Huftiere wie z.B. Dallschafe an, meist aber ohne Erfolg.

## 4 Berglöwe Mountain Lion *Felis concolor (Felidae)*

KR 97–183 cm G 34–125 kg

**Merkmale** Große Katze ohne Flecken am Körper; Kopf klein; Schwanz lang mit dunkler Spitze; Oberseite braun bis gelbbraun; Unterseite weiß bis cremefarben; Ohren kurz und rundlich; Beine lang; Tatzen groß.

**Vorkommen** Im südlichen Westkanada, im Norden bis ins Zentrum von British Columbia. Ursprünglich in vielen Habitaten anzutreffen, heute beschränkt auf Gebirgsregionen und Halbwüsten.

**Wissenswertes** Die Tiere sind exzellente Kletterer und suchen bei Bedrohung Zuflucht in Baumkronen. Sie sind Einzelgänger und ernähren sich vorwiegend von Hirschen. Bei ausreichendem Angebot erlegen sie im Durchschnitt einen Hirsch pro Woche.

1

2

3

4

## 1 **Wapiti** oder **Nordamerikanischer Rothirsch** Wapiti oder Elk *Cervus elaphus (Cervidae)*

KR 1,95–2,80 m G 204–494 kg

**Merkmale** Eine sehr große Hirschart; Hals dick; Beine schlank; Oberseite braun oder blond, Unterseite dunkler; Hinterbacken und Schwanz gelbbraun; männliche Tiere mit dunkelbrauner Mähne am Hals **(1a)**; Geweih der Männchen gut ausgebildet mit zahlreichen Sprossen.

**Vorkommen** Vancouver Island, östliches British Columbia, Alberta und Saskatchewan. Im Sommer meist auf Bergwiesen, im Winter in bewaldeten Tieflagen.

**Wissenswertes** Wapitis sind insbesondere in den Dämmerstunden aktiv. Weibchen **(1b)** kehren zur Niederkunft an den Ort ihrer Geburt zurück, was in wachsenden Ortschaften in Nationalparks, wie z. B. Banff, zu erheblichen Problemen führt. Wo sich noch vor wenigen Jahren Wald erstreckte, stehen heute Häuser, und Fahrradwege durchziehen die Wiesen. Die Hirschkühe verteidigen mit kräftigen Tritten ihre Jungen. Liegen diese zwischen Sträuchern im Vorgarten, sind die Bewohner nicht mehr in der Lage, ihr Haus zu verlassen. Jogger werden angegriffen, wenn sie ahnungslos nahe an einem Kalb vorbeilaufen. In Banff werden jedes Jahr Personen nach ungewollten Begegnungen mit den Tieren in Krankenhäuser eingeliefert. Die Kühe mit ihren Kälbern vereinen sich zu Herden, die aus über 400 Tieren bestehen können. Die männlichen Tiere halten sich in kleineren Gruppen am Rand dieser Herden auf. Zur Paarungszeit versammeln sie einen Harem von manchmal über 60 Weibchen um sich.

## 2 **Maultierhirsch** Mule Deer *Odocoileus hemionus (Cervidae)*

KR 1–1,80 m G 32–123 kg

**Merkmale** Mittelgroßer Hirsch; gedrungener Körper auf langen, schlanken Beinen; Oberseite im Sommer rot- oder gelbbraun, im Herbst grau; Unterseite cremefarben oder hellbraun; Hinterbacken, Kehle, Innenseite der Ohren und Beine weiß; Ohren groß; Stirn dunkel; Geweih spaltet sich an den Gabelungen in gleich stark ausgebildete Stangen.

**Vorkommen** Südliches Yukon Territory und westliche Northwest Territories, British Columbia, Alberta. An Waldrändern, im Gebirge und im Gebirgsvorland.

**Wissenswertes** Die großen Ohren der Maultierhirsche sind fast ständig in Bewegung. Die Tiere ziehen im Winter in kleinen Herden durch ihren Lebensraum. Im Sommer hingegen besteht ein Sozialverband meist nur aus einem Weibchen mit ihrem jeweiligen Nachwuchs. Eine Hirschkuh wirft in ihrem ersten Jahr nur ein einzelnes Kalb. Später sind es meistens zwei Junge. Maultierhirsche besitzen an ihren Hinterbeinen oberhalb der Hufe Drüsen. Kälber sind anscheinend in der Lage, ihre Mütter anhand des Geruchs des Drüsensekrets zu erkennen. Die Hauptfeinde der Tiere sind Berglöwen und Wölfe.

## 3 **Weißwedelhirsch** White-tailed Deer *Odocoileus virginianus (Cervidae)*

KR 1,20–1,80 m G 41–141 kg

**Merkmale** Mittelgroßer Hirsch; Oberseite im Sommer hell- oder rotbraun, im Winter graubraun; um Nase und Augen, am Bauch, an der Kehle und die Innenseite der Ohren weiß; Schwanzoberseite braun und die -unterseite weiß; Geweih mit nach vorne gerichteter Stange, Sprossen zeigen nach hinten; kleine Sprossen direkt über den Augen.

**Vorkommen** In Südkanada; in den USA mit Ausnahme des Südwestens. In Wäldern, in Vororten, in Buschland und in Farmland.

**Wissenswertes** Weißwedelhirsche erreichen Spitzengeschwindigkeiten von 58 km/h. Sie sind in der Lage bis zu 2,60 m hoch zu springen und Sätze von 9 m Länge zu machen. Ihre Nahrung setzt sich aus Gräsern, Blättern, Eicheln und Nüssen zusammen. Im Winter verspeisen sie Zweige und Knospen. Pro Tag nehmen sie bis zu 4 kg Nahrung auf. Bei Gefahr heben sie ihren Schwanz. Die weiße Unterseite fungiert dabei als Alarmsignal. Weißwedelhirsche bringen meist Zwillinge zur Welt. Im ersten Monat nach der Geburt versteckt die Hirschkuh die beiden Jungen als Vorsichtsmaßnahme getrennt. Ein bis zwei Mal pro Tag sucht die Mutter sie auf, um sie zu säugen. Polygamie ist unter Weißwedelhirschen schwächer ausgeprägt als bei vielen anderen Hirscharten.

1a

1b

2

3

## 1 **Karibu** Caribou *Rangifer tarandus (Cervidae)*

KR 1,30–2,30 m G 68–299 kg

**Merkmale** Fell braun mit grauem Nacken und Halsmähne; Bauch, Hinterbacken und Schwanzunterseite weiß; Tiere auf arktischen Inseln fast weiß; Ohren klein; beide Geschlechter mit Geweihen; Geweih der Männchen mit abgeflachter Augensprosse vertikal über der Nase, Stangen verzweigt, häufig Halbschaufeln.

**Vorkommen** In ganz Alaska, in British Columbia in den Gebirgshochlagen bis an die Grenze zu Idaho und Ostwashington. In der Taiga und auf der Tundra; im Süden auch in Gebirgsnadelwäldern.

**Wissenswertes** Karibus sind die einzigen Vertreter aus der Familie der Hirsche, bei denen beide Geschlechter ein Geweih tragen. Ausgewachsene Männchen verlieren ihr Geweih nach der Brunftzeit im November. Jungtiere und Weibchen, die keinen Nachwuchs erwarten, werfen es im April ab. Trächtige Weibchen tragen das Geweih bis nach der Geburt der Kälber Ende Mai oder Anfang Juni. Im Sommer fressen Karibus Blätter, Gräser und Kräuter, im Winter sind Flechten ein wichtiger Bestandteil ihrer Nahrung. Die luftgefüllten, hohlen Strukturhaare des Fells schützen sie vor der Kälte. Karibus unternehmen große Wanderungen von ihren Sommer- zu den Winterweidegründen. Die ziehenden Herden können aus über 100.000 Individuen bestehen.

## 2 **Elch** Moose *Alces alces (Cervidae)*

KR 1,90–2,60 m G 315–635 kg

**Merkmale** Die größte Hirschart mit einer maximalen Schulterhöhe von 2,25 m; Fell lang, dunkelbraun; Beine schlank, äußerst lang; Schwanz unscheinbar; Schulterbuckel ausgeprägt; Maul groß, herabhängend; ausgeprägte Wamme unter dem Kinn; Ohren groß; Elchbullen mit Schaufelgeweihen **(2a)**.

**Vorkommen** In ganz Alaska und Kanada; außer in der Arktis und im regenreichen Westen British Columbias. In Fichtenwäldern, in Feuchtgebieten und in Pappel- und Weidendickichten.

**Wissenswertes** Die Tiere bewegen sich mit erstaunlicher Geschwindigkeit und Eleganz durch ihren Lebensraum. Ist Not am Elch, rennen sie auf leisen Hufen mit bis zu 55 km/h durch den Wald. Elchkühe **(2b)** verteidigen ihren Nachwuchs gegen jegliche Bedrohung mit Vehemenz. Doch trotz der Wachsamkeit der Elchkühe überleben in manchen Regionen über 80 % der Kälber ihr erstes Lebensjahr nicht. In den ersten Wochen sind Grizzlies die Hauptfeinde des Nachwuchses, später Wölfe. Während der Brunftzeit sind Elchbullen durch die erhöhten Hormonwerte recht aggressiv. In dieser Zeit greifen sie zuweilen Menschen, Pferde, Autos und sogar Züge an. Die Geweihe der Männchen können über 2 m breit und bis zu 50 kg schwer werden.

## 3 **Bison** Bison *Bison bison (Bovidae)*

KR 1,80–3,30 m G 360–900 kg

**Merkmale** Fell dunkelbraun; zottelige Mähne; Bart; Schwanz lang mit Quaste; Kopf breit; ausgeprägter Schulterbuckel; Beine kurz, Vorderbeine mit zotteligem Fell bedeckt; beide Geschlechter mit kurzen, schwarzen Hörnern.

**Vorkommen** Von den südlichen Northwest Territories bis Texas, eingeführt im Yukon Territory und in Alaska. Auf der Prärie, in Graslandschaften und in Flußniederungen, seltener in bewaldeten Regionen.

**Wissenswertes** Bisons sind die größten Landbewohner Nordamerikas. Ursprünglich waren sie fast über den gesamten Kontinent verbreitet. Zwischen 30 und 70 Mio. Bisons bevölkerten das Land. Durch vehementen Abschuß waren 1900 nur noch 1.000 Tiere übrig. Heute gibt es wieder 65.000 Bisons in Amerika. 1928 wurden 20 Tiere nach Alaska umgesiedelt. Sie vermehrten sich, und inzwischen existieren mehrere kleine Herden in der Region um Delta Junction. Eine Gruppe aus dem Wood Buffalo National Park siedelte man nahe Haines Junction im Yukon Territory an. Kälber sind innerhalb von 30 Minuten nach der Geburt in der Lage zu stehen **(3a)**, nach drei Stunden können sie bereits rennen, und im Alter von sechs Tagen beginnen sie schon zu grasen.

1

2a

3a

2b

3b

## 1 **Moschusochse** Muskox *Ovibos moschatus (Bovidae)*

KR 1,90–2,30 m G 168–408 kg

**Merkmale** Körper gedrungen; Fell dunkelbraun; Leithaare lang, reichen fast bis zu den Hufen; auf Rücken heller Sattel; Beine weißlich; Kopf breit; beide Geschlechter mit braunen Hörnern.

**Vorkommen** Nach Überjagung im 19. Jahrhundert im Norden und Westen Alaskas wieder eingeführt, außerdem in den nördlichen Northwest Territories. Auf der arktischen Tundra, im Sommer entlang von grasbestandenen Seeufern und Flußniederungen, im Winter auf dem Wind ausgesetzten Hängen und Kuppen.

**Wissenswertes** Moschusochsen leben in kleinen Herden, die im Winter 15 bis 20 Tiere umfassen, im Sommer hingegen meist nur 10 Individuen. Diese Herden bestehen sowohl aus Männchen als auch aus Weibchen mit ihren Jungen. Bei Gefahr bilden die ausgewachsenen Tiere einen engen Ring um die Jungtiere. Ihre Hauptfeinde sind Wölfe.

## 2 **Schneeziege** Mountain Goat *Oreamnos americanus (Bovidae)*

KR 1,20–1,60 m G 53–82 kg

**Merkmale** Körper gedrungen; Beine kurz; Fell gelblich weiß, im Winter lang, im Sommer kürzer; Bart etwa 12 cm lang; Nase, Augen, Hufe und Hörner schwarz; beide Geschlechter mit nach hinten gekrümmten Hörnern, die der Männchen mit bis zu 30 cm Länge.

**Vorkommen** Südliches Alaska und südliches Yukon Territory, British Columbia, Südwest-Alberta. In felsigen Gebirgsregionen jenseits der Baumgrenze.

**Wissenswertes** Die Hufe der Schneeziegen besitzen eine scharfe äußere Kante, die an kleinsten Erhebungen greift, und eine weiche Sohle, die auf glatten Oberflächen Halt bietet. Die Tiere bewegen sich ohne Schwierigkeiten über steile Hänge und entlang von schmalen Felsbändern. Geröll- und Eislawinen stellen die größte Gefahr für sie dar. Auf den ausgesetzten Graten und hohen Bergwiesen müssen sie keine Angst vor Feinden haben, wenn Steinadler auch manchmal ein Zicklein in den Abgrund treiben.

## 3 **Dickhornschaf** Bighorn Sheep *Ovis canadensis (Bovidae)*

KR 1,20–1,70 m G 34–143 kg

**Merkmale** Körper muskulös; Hals kräftig; Grundfärbung des Fells dunkelbraun; Bauch, Hinterbacken, Rückseite, Beine, Maul und um die Augen weiß; Schwanz kurz und braun; Männchen mit mächtigem Gehörn in Schneckenform.

**Vorkommen** In den kanadischen Rocky Mountains und in angeschlossenen Gebirgszügen. Auf Gebirgswiesen, in steilem Gelände mit Geröllhalden, Klippen und Graten.

**Wissenswertes** Mutterschafe, Lämmer und Jungtiere bilden gemischte Herden, die im Winter 100 Tiere umfassen können. Widder leben außer während der Brunftzeit in kleinen Junggesellenverbänden. Während der Brunft im Herbst kämpfen die Widder um Paarungsrechte. Ausschließlich Widder mit gleichgroßem Gehörn duellieren sich. Hierbei prallen sie mit einer Geschwindigkeit von bis zu 32 km/h frontal mit voller Wucht gegeneinander.

## 4 **Dallschaf** Dall Sheep *Ovis dalli (Bovidae)*

KR 98–141 cm G 45–91 kg

**Merkmale** Fell weiß bis cremefarben; im Süden des Verbreitungsgebietes auch dunkelgraue Form (Steinschaf); Hufe gelbbraun; Widder mit mächtigem, hellbraunem Gehörn in Schneckenform.

**Vorkommen** Alaska, Yukon, nördliches British Columbia, westliche Northwest Territories. Auf Hochgebirgswiesen, an ausgesetzten Berghängen, an Felsgraten.

**Wissenswertes** Dall- und Dickhornschafe stammen von gemeinsamen Vorfahren ab, deren Verbreitungsgebiet während der letzten Eiszeit durch die starke Vergletscherung zerschnitten wurde. Aus der südlichen Population entwickelte sich das Dickhornschaf, aus der nördlichen das etwas kleinere Dallschaf. Verhalten, Lebensraum und Ernährung der Dall- und Dickhornschafe ist nach wie vor ähnlich.

1

2

3

4

## 1 **Walroß** Pacific Walrus *Odobenus rosmarus (Odobenidae)*

KR 2,50–3,60 m G 1.000–1.500 kg

**Merkmale** Obere Schneidezähne in gewaltige Stoßzähne umgewandelt, bei den Männchen bis zu 1 m lang, bei den Weibchen kürzer; Körper nahezu unbehaart; Haut im Wasser fast weiß, an Land rot bis rot-braun; Maul breit, mit 400 Schnurrhaaren; Kopf rund und kurz.

**Vorkommen** In der Chukchi und Bering See vor Westalaska. Meist nahe der Packeisgrenze in Gewässern, die maximal 60 m tief sind.

**Wissenswertes** Walrosse ernähren sich von im Meeresboden vergrabenen Muscheln. 1990 lebten nach offiziellen Schätzungen 200.000 Walrosse vor der Küste Alaskas. 12.000–16.000 Bullen verbringen den Sommer in der Bristol Bay, um dort auf Nahrungssuche zu gehen. Im Herbst ziehen die Tiere nach Norden, um sich der Hauptherde am Rande des Packeises anzuschließen. Hier erfolgt die Paarung. Ende April kommen die Jungen zur Welt, die bei der Geburt bis zu 73 kg wiegen.

## 2 **Steller Seelöwe** Steller Sea Lion *Eumetopias jubatus (Otariidae)*

KR 1,90–3,20 m G 272–1.000 kg

**Merkmale** Größter Vertreter der Ohrenrobben *(Otariidae)*; Flossen dunkelbraun; Bullen mit Mähne, Hals und Vorderkörper wuchtig, Oberseite gelbbraun, Unterseite rotbraun, Verbindung von Nase zu Stirn im Profil konkav; Weibchen **(2b)** braun, zwei Drittel kleiner als Männchen, Verbindung von Nase zu Stirn im Profil gerade.

**Vorkommen** An der Pazifikküste von Westalaska. In küstennahen Gewässern, Rastplätze an unzugänglichen Felsküsten.

**Wissenswertes** Seelöwen besitzen wie alle Ohrenrobben kleine äußere Ohren und sehr große Vorderflossen, die im Unterschied zu den Seehunden den Hauptantrieb beim Schwimmen geben. Die Hinterflossen können sie unter den Körper schlagen und auf ihnen so an Land laufen. Alte Bullen, auch Strandmeister genannt, scharen an Land einen Harem von mehreren Weibchen um sich. In Westalaska sind die Populationszahlen der Tiere stark rückläufig. Als Grund betrachten viele die schwindenden Pollackbestände durch exzessiven Fischfang. In Alaska ist der **Alaska Pollack** *(Theragra chalcogramma)* der wichtigste Beutefisch für die Steller Seelöwen.

## 3 **Ringelrobbe** Ringed Seal *Pusa hispida (Phocidae)*

KR 1,20–1,65 m G 50–113 kg

**Merkmale** Die kleinste Robbenart; Oberseite braun oder bläulich schwarz; Rücken schwarz gestreift oder marmoriert; keine äußeren Ohrmuscheln.

**Vorkommen** Im Arktischen Ozean von Point Barrow in Alaska bis Ostkanada. In der Küsteneiszone.

**Wissenswertes** Ringelrobben sind weit verbreitet und die Hauptbeute der Eisbären. Die Jungen werden auf dem Eis in Schneehöhlen über Atemlöchern im Eis geboren. Eisbären sind in der Lage, diese Höhlen mit ihrem guten Geruchssinn aufzuspüren. Die Tiere werden bis zu 40 Jahre alt. Sie ernähren sich von Fischen und Krebsen.

## 4 **Seehund** Harbor Seal *Phoca vitulina (Phocidae)*

KR 1,20–1,90 m G 60–140 kg

**Merkmale** Färbung variabel: weiß, hellgrau oder braun mit dunklen Flecken oder aber schwarz, grau oder braun mit hellen Ringen; Unterseite cremefarben mit dunklen Flecken.

**Vorkommen** Von Südwest-Alaska bis Mexiko. In küstennahen Gewässern, in Flußmündungen und auf Stränden, im Norden auch permanent in Süßwasserseen.

**Wissenswertes** Seehunde sind – wie alle Vertreter der *Phocidae* – an Land sehr unbeholfen. Im Gegensatz zu den Walrossen und Seelöwen können sie die Hinterflossen nicht unter den Körper schlagen und so auf ihnen laufen. Die Fortbewegung auf dem Sand oder den Felsen erfolgt ohne Hilfe der Gliedmaßen durch Kontraktionen der Muskeln entlang des Rumpfes. Im Wasser übernehmen die Hinterflossen den Antrieb.

1

2a

3

2b

4

## 1 **Eistaucher** Common Loon *Gavia immer (Gaviidae)*

L 61 cm Sp 1,50 m

**Merkmale** Kopf schwarz, am Hals mit weißem, unterbrochenem Kragen; weiße Querstreifen auf den Flügeldecken; Zehen durch Schwimmhäute verbunden; im Winter graubraun mit weißer Brust und Kehle.

**Vorkommen** Alaska, British Columbia, Yukon Territory, Northwest Territories mit Ausnahme der Polarmeerküste. Auf Flüssen und Seen.

**Wissenswertes** Wie alle Seetaucher bauen Eistaucher Hügelnester aus Zweigen und Gräsern auf Inseln oder schmalen Landzungen. Die Jungen verlassen innerhalb weniger Tage das Nest und werden häufig auf dem Rücken der Eltern getragen.

## 2 **Prachttaucher** Arctic Loon *Gavia arctica (Gaviidae)*

L 46 cm Sp 1,20 m

**Merkmale** Kopf und Nacken grau; seitlich am Hals weiße Streifen; Kehle rot oder grün; weiße Querstreifen auf den Flügeldecken; Zehen durch Schwimmhäute verbunden; im Winter graubraun mit weißer Brust und Kehle.

**Vorkommen** Alaska, nördliches Yukon Territory und nördliche Northwest Territories. Auf Seen in der Tundra.

**Wissenswertes** Entwicklungsgeschichtlich sind Seetaucher *(Gaviidae)* vermutlich die primitivsten der heute lebenden, flugfähigen Vögel. Die Tiere können länger als eine Minute unter Wasser bleiben und über 80 m tief tauchen. Der Antrieb beim Tauchen erfolgt ausschließlich mit den Füßen. Ihre Beine setzen weit hinten am Körper an, wodurch die Vögel sich an Land nur mühsam fortbewegen können. Das Land suchen sie daher nur zum Brüten auf. Sie ernähren sich hauptsächlich von Fischen, aber auch von Wasserpflanzen, Krebsen, Insekten, Fröschen und Mollusken. Viele Biologen betrachten inzwischen die pazifische Rasse der Prachttaucher, die sich durch die rote Kehle auszeichnet, als eigenständige Art *(Gavia pacifica)*.

## 3 **Ohrentaucher** Horned Grebe *Podiceps auritus (Podicipedidae)*

L 24 cm Sp 61 cm

**Merkmale** Breite, gelbbraune Federbüschel an den Ohren, die sich auffällig gegen den schwarzen Kopf und den roten Hals abheben; Hals schlank; Schwimmlappen an den Zehen, keine Schwimmhäute; Schwanz unscheinbar; im Vergleich zu Seetauchern kleiner, Hals länger.

**Vorkommen** Alaska mit Ausnahme des Nordwestens, Yukon Territory, südwestliche Northwest Territories, British Columbia, Alberta. Auf Seen und in Sümpfen, im Winter an der Küste.

**Wissenswertes** Ohrentaucher bauen an Uferpflanzen verankerte Schwimmnester aus Gräsern, Schilf und Erde. Die Eier sind zu Anfang weiß. Die Schalen nehmen allerdings im Laufe der Zeit Farbstoffe von den nassen, verfaulenden Pflanzen, auf denen sie liegen, an und werden braun. Beim Auffliegen benötigen die Tiere einen langen Anlauf auf dem Wasser.

## 4 **Meerscharbe** Pelagic Cormorant *Phalacrocorax pelagicus (Phalacrocoracidae)*

L 56 cm Sp 100 cm

**Merkmale** Glänzendes grün-schwarzes Gefieder; Federhaube auf Scheitel und Hinterkopf; Zügel und Kinn blaßrot; Schnabel dunkel und klein, mit Haken.

**Vorkommen** An der Pazifikküste von Westalaska bis British Columbia. An Meeresklippen und auf Felsinseln in Fjorden und am offenen Ozean.

**Wissenswertes** Die Vögel nisten in Kolonien. Die Nistplätze auf dem Festland befinden sich auf schmalen Felsbändern an steilen Klippen. Auf Felsinseln brüten sie auch an weniger exponierten Stellen. Alle vier Zehen der Meerscharben sind – wie bei allen Kormoran-Arten – durch Schwimmhäute verbunden. Die Tiere ernähren sich von Fischen. Da ihr Gefieder nicht eingefettet wird, müssen es die Kormorane nach jedem Tauchen an der Luft trocknen. Hierzu sitzen die Vögel mit ausgespreitzten Flügeln auf Felsen oder auf Treibholz.

1

2

3

4

## 1 **Zwergschwan** Tundra Swan *Cygnus columbianus (Cygnidae)*

L 91 cm Sp 2 m

**Merkmale** Gefieder weiß; Schnabel schwarz; Schnabelwurzel meist mit gelbem Fleck; Hals wird beim Schwimmen gerade gehalten.

**Vorkommen** In ganz Alaska und Westkanada. Im Sommer auf der Tundra; im Winter auf Feuchtgebieten, Seen, Flüssen und entlang der Küste.

**Wissenswertes** Der Zwergschwan ist die häufigste Schwanenart Nordamerikas. Über 100.000 Tiere überwintern jedes Jahr im Süden der USA. Andere verbringen die kalte Jahreszeit im südlichen British Columbia. Die meisten von ihnen kehren im Frühjahr nach Alaska zurück, um dort zu brüten. Ihre Nester sind Mammutbauten, deren Durchmesser 4 m betragen kann und die einen halben Meter über die Wasseroberfläche ragen. Die 2–7 Eier werden 31–35 Tage lang bebrütet. Die Jungen werden weitere drei Monate von den Eltern umsorgt und bewacht.

## 2 **Kanadagans** Canada Goose *Branta canadensis (Anatidae)*

L 41–63 cm Sp 1,30–1,70 m

**Merkmale** Kopf und Hals schwarz; Wangen weiß; Rücken braun.

**Vorkommen** In ganz Alaska und Westkanada. Während der Brutzeit in Feuchtgebieten und auf Seen; außerhalb der Brutzeit auf Wiesen und Feldern in Flugnähe zum Wasser.

**Wissenswertes** Die Kanadagans ist die häufigste und am weitesten verbreitete Gans Nordamerikas. Es existieren 11 Unterarten, die sich zum Teil deutlich in der Größe unterscheiden. Die Vögel ernähren sich v.a. von Gräsern und Körnern. Außerhalb der Brutzeit versammeln sie sich zu großen Scharen. Die Nester befinden sich in Feuchtgebieten oder an Gewässerrändern. Eine Unterart, die Vancouver Kanadagans nistet jedoch versteckt in den Küstenregenwäldern und baut ihre Nester sogar auf Bäumen.

## 3 **Schneegans** Snow Goose *Chen caerulescens (Anatidae)*

L 48 cm Sp 1,50 m

**Merkmale** Mittelgroße Gans; Gefieder weiß mit schwarzen Flügelspitzen.

**Vorkommen** Im Sommer entlang des Polarmeers von Alaska, dem Yukon Territory und dem Northwest Territories; das Fraser River Delta ist das bedeutendste Winterquartier. In Feuchtgebieten und auf grasbestandener Tundra.

**Wissenswertes** Im Sommer bekommt man Schneegänse nur zu Gesicht, wenn man dem äußersten Norden Kanadas und Alaskas einen Besuch abstattet. Im Herbst und Frühjahr kann man sie jedoch entlang der Rocky Mountains und der Westküste des Kontinents beobachten. Ende September erscheinen fast 100.000 Schneegänse an der Mündung des Fraser Rivers. Die Hälfte der Gesamtpopulation verbringt hier den Winter, die übrigen ziehen weiter nach Kalifornien. Im April begeben sich die Vögel auf die Reise zurück nach Norden, um auf der Wrangell-Insel vor Sibirien ihre Jungen großzuziehen.

## 4 **Bläßgans** Greater White-fronted Goose *Anser albifrons (Anatidae)*

L 51 cm Sp 1,50 m

**Merkmale** Gefieder braun mit weißen Schwanzdecken; weißer Flecken von der Stirn bis zum Schnabelansatz; Hals kürzer als ähnlich große Kanadagans; Beine orange oder gelb.

**Vorkommen** Brutgebiete in Westalaska und entlang der Nordküste des Kontinents. Nistplätze auf den Tundraebenen, häufig entlang von Wasserläufen und Seen; während des Vogelzugs im Binnenland auf Feldern und im offenen Grasland, an der Küste auf Salzgraswiesen.

**Wissenswertes** Etwa 300.000 Bläßgänse brüten im Yukon River Delta Alaskas. Im Herbst ziehen diese Tiere entlang der Westküste zu ihren Winterquartieren in Kalifornien. Bläßgänse, die im Norden Alaskas und in Kanada brüten, benutzen den Flugkorridor östlich der Rockies auf ihrem Weg nach Süden und verbringen die kalten Monate des Jahres in Texas und Mexiko.

1

2

3a

3b

4

## 1 **Spießente** Northern Pintail *Anas acuta (Anatidae)*

L 47 cm Sp 89 cm

**Merkmale** Schwanz lang und spitz; Beine und Schnabel grau; Flügel schlank; Männchen **(1a)** mit langem, schlankem Hals; Brust und Halsseite weiß, Kopf und Kehle braun; Weibchen **(1b)** braun gemasert; im Winter beide Geschlechter unscheinbar braun.

**Vorkommen** In ganz Westkanada und Alaska. Auf Seen und in Meeresbuchten.

**Wissenswertes** Die Spießente ist im Westen der USA und Kanadas sehr häufig. Ihr Verbreitungsgebiet erstreckt sich über ganz Nordamerika. Zur Aufzucht der Jungen suchen sie flache Seen, die Brackwasserregionen an Flußmündungen und ruhige Wasserläufe mit sumpfigen Randzonen auf. Das Nest befindet sich im hohen Gras meist nahe des Ufers. Sie erreichen ihre Nahrung gründelnd von der Wasseroberfläche aus. Obgleich vegetarische Kost den Speiseplan bestimmt, fressen sie auch Insekten, Mollusken und kleine Fische.

## 2 **Krickente** Green-winged Teal *Anas crecca (Anatidae)*

L 27 cm Sp 61 cm

**Merkmale** Eine kleine Ente; Flügelspiegel smaragdgrün und weiß eingefaßt; Erpel mit rahmgelbem Schwanzfleck, vertikalem, weißen Streifen an Seite, rotbraunem Kopf und grünem Streifen vom Auge bis zum Nacken; Weibchen braun.

**Vorkommen** In Westkanada und Alaska, fehlt in Nordwest-Alaska und im Norden der Northwest Territories. Auf Seen.

**Wissenswertes** Krickenten sind die kleinsten Enten. Sie brüten in Feuchtgebieten und an flachen, von Wald umgebenen Seen. Sie sind Bodenbrüter und recht anspruchsvoll hinsichtlich der Bedingungen, die sie an den Nistplatz stellen. Krickenten bevorzugen üppige Ufervegetation und Auwälder. Sie gehören unter den Enten zu den schnellsten Fliegern und ziehen in kleinen, dichten Schwärmen.

## 3 **Nordamerikanische Pfeifente** American Wigeon *Anas americana (Anatidae)*

L 36 cm Sp 86 cm

**Merkmale** Schnabel blaugrau; weiße Flügeldecken im Flug gut zu erkennen; Männchen mit weißem Streifen über Stirn und Scheitel bis zum Nacken; Schläfen und Ohren grün, Schwanzdecken dunkel; Weibchen braun gemasert, Kopf grau.

**Vorkommen** In Westkanada und Alaska, fehlt an der Küste zum Eismeer. Auf Seen und in Feuchtgebieten, im Winter auch in Meeresbuchten.

**Wissenswertes** Im Unterschied zu den meisten Schwimmenten wagen sich die Weibchen mit ihren Jungen häufig auf das offene Wasser, anstatt sich ausschließlich nahe der Deckung aufzuhalten. Ihre Nester bauen sie zum Teil weit vom Wasser entfernt. Die Vögel haben die Angewohnheit, Pflanzenmaterial, das von anderen Wasservögeln für den Bau eines Nestes an die Oberfläche gebracht worden ist, für den Eigenbedarf zu stehlen.

## 4 **Stockente** Mallard *Anas platyrhynchos (Anatidae)*

L 41 cm Sp 92 cm

**Merkmale** Schnabel olivgelblich oder -grün; Flügelspiegel grün, vorne und hinten weiß eingefaßt; Erpel im Brutkleid mit grünem Kopf, schmalem weißem Kragen und rostroter Brust; Weibchen braun gemustert.

**Vorkommen** In Westkanada und Alaska, fehlt in Nord- und Nordwest-Alaska und in den nördlichen Northwest Territories. Auf Seen und in Feuchtgebieten des Binnenlandes; im Winter auch in den Brackwasserregionen von Flußmündungen.

**Wissenswertes** Die Stockente ist die am weitesten verbreitete Entenart der Welt. Auch unsere Hausente stammt von ihr ab. Domestizierte Enten stammen von der Stockente ab. Das ist an der gekräuselten Feder oberhalb des Schwanzes noch erkennbar. Stockenten sind in der Regel Bodenbrüter. Gelegentlich bauen sie aber auch Nester in Bäumen. Sie suchen vorzugsweise an Land nach Nahrung, insbesondere an den Grenzen von Überflutungsregionen und in Meeresnähe oberhalb der Gezeitenzone.

1a

1b

2

3

4

## 1 **Bergente** Greater Scaup *Aythya marila (Anatidae)*

L 33 cm Sp 79 cm

**Merkmale** Schnabel bläulich; Augen gelb; beim Erpel Kopf und Hals dunkel und grünlich schimmernd, Brust schwarz, Flügeldecken grau mit feinen, dunklen Querstreifen; Weibchen braun mit weißer Stirn und weißem Streifen vom Auge zum Schnabel.

**Vorkommen** Brutgebiet: West- und Zentralalaska, Yukon Territory, südliche Northwest Territories; im Winter an der Pazifikküste von Alaska bis Kalifornien. Im Sommer auf Tundraseen und in der angrenzenden Taiga; im Winter in Meeresbuchten.

**Wissenswertes** Bergenten gehören zu den Tauchenten. Sie liegen tiefer im Wasser als Schwimmenten und das Abheben von der Oberfläche bereitet ihnen Mühe. Beim Start sind sie gezwungen, die Beine zu Hilfe zu nehmen und mehrere Schritte auf dem Wasser zu laufen. Alle Vertreter der Gattung *Aythya* lassen ihre Stimme nur selten hören. Die Bergente brütet in dichter Vegetation in der Nähe von kleinen Seen, die auf der Tundra oder im offenen Nadelwald verstreut liegen. In freier Natur kann man sie kaum von der nahe verwandten **Veilchenente** *(Aythya affinis)* unterscheiden. Als Unterscheidungsmerkmal dient der leicht lila schillernde Kopf der männlichen Veilchenenten. Zudem besteht keine farbliche Trennung zwischen Kopf und Brust. Die Verbreitungsgebiete beider Entenarten überschneiden sich. In Westalaska brütet allerdings ausschließlich die Bergente.

## 2 **Schellente** Common Goldeneye *Bucephala clangula (Anatidae)*

L 33 cm Sp 79 cm

**Merkmale** Augen gelb; Erpel mit rundem, weißem Fleck an der Schnabelbasis, Kopf grün-schwarz schillernd, Schnabel schwarz; bei den Weibchen Körper grau, Kopf braun, Schnabel dunkel, gelber Fleck nahe Schnabelspitze.

**Vorkommen** In Westkanada und Alaska, fehlt in arktischen Regionen. Auf Seen und Flüssen in bewaldeten Regionen; im Winter in Meeresbuchten.

**Wissenswertes** Schellenten brüten an Seen in Wäldern. Sie nisten in Baumhöhlen. Im Winter bilden die Vögel an der Küste große Schwärme. Bei der Nahrungssuche bevorzugen sie verhältnismäßig tiefes Wasser. Sie ernähren sich überwiegend von Schnecken, Muscheln und kleinen Krebstieren. Die Schellente ist leicht mit der **Spatelente** *(Bucephala islandica)* zu verwechseln. Der weiße Zügelfleck des Erpels ist bei letzterer jedoch sichelförmig und der Kopf lila-schwarz schillernd. Die Spatelente nistet wie die Schellente in Baumhöhlen. Sind diese nicht verfügbar, gibt sie sich auch mit geschützten Hohlräumen unter Felsen oder Vertiefungen in Klippen zufrieden. Das Verbreitungsgebiet der Spatelente ist auf das südliche Alaska, den Südosten des Yukon Territory und den Westen British Columbias beschränkt. Im Winter beobachtet man an der Küste vielfach gemischte Schwärme.

## 3 **Kragenente** Harlequin Duck *Histrionicus histrionicus (Anatidae)*

L 31 cm Sp 66 cm

**Merkmale** Eine kleine Ente; Schwanz lang; Erpel im Balzgefieder graublau mit weißen Flecken und Streifen, Flanken rotbraun; Weibchen braun mit drei weißen Flecken auf jeder Kopfseite; Flug niedrig über der Wasseroberfläche.

**Vorkommen** Alaska, Yukon Territory, Northwest Territories, British Columbia; fehlt in den arktischen Regionen. Im Sommer entlang von sehr schnell fließenden Gewässern; im Winter an felsigen Küstenstreifen.

**Wissenswertes** Das auffällige Gefieder des Erpels ist verantwortlich für den englischen Namen „Harlequin Duck", der sich auf die kontrastreich geschminkten Clowns in der klassischen englischen Pantomime bezieht. Die Kragenente ist ein recht scheuer Vogel. Mit anderen Entenarten verwechselt man sie kaum, da im Sommer das Brutgefieder des Männchens eine eindeutige Artbestimmung ermöglicht. Auch meiden andere Entenarten das reißende Wasser von Wildbächen. Hier ernähren sie sich von Wasserinsekten und ihren Larven. Im Winter ziehen sie an brandungsumtoste Felsklippen am offenen Meer, wo sie von Muscheln, Schnecken und Krebstieren leben.

1

2

3

## 1 Prachteiderente King Eider *Somateria spectabilis (Anatidae)*

L 41 cm Sp 94 cm

**Merkmale** Erpel an Brust und Hals weiß, Rücken, Flanken und Schwanz schwarz, weißer Flügelstreifen, Scheitel und Nacken graublau, orangefarbenes Stirnschild; Weibchen kastanienbraun gemustert.

**Vorkommen** Im Sommer nahe der Küste Nordalaskas, des Yukon Territory und der Northwest Territories, auf kleinen Teichen und Wasserläufen der Tundra; im Winter von Alaska bis Oregon, in Meeresbuchten.

**Wissenswertes** Während des Vogelzugs wandern über eine Million Prachteiderenten auf dem Weg zu ihren kanadischen Brutgebieten an der Küste Alaskas entlang. Sie sind Bodenbrüter und bauen ihr Nest an Tundraseen oder auf Inseln in solchen. Wie auch die Eiderente ernähren sie sich hauptsächlich von aquatischen Wirbellosen. Im Unterschied zu den Eiderenten beschränken sie sich bei der Futtersuche aber nicht auf das Meer.

## 2 Eiderente Common Eider *Somateria mollisima (Anatidae)*

L 43 cm Sp 1,05 m

**Merkmale** Eine große Ente; Stirn und Schnabelrücken bilden fast eine Gerade; Wangen bis zur Höhe des Nasenlochs befiedert; Erpel an Rücken und Brust weiß, Flanken und Schwanz schwarz, am Hinterkopf grüne Zeichnung, schwarze Augenmaske vom Schnabel bis zum Nacken; Weibchen braun gemustert.

**Vorkommen** Im Sommer in arktischen und subarktischen Regionen von Alaska, dem Yukon Territory und den Northwest Territories; im Winter am Golf von Alaska. An flachen Küsten.

**Wissenswertes** Die Eiderente ist die größte Wildente Nordamerikas. Als Nistgebiete wählen sie flache, felsige Küstenstriche. Zum Höhepunkt des Vogelzuges wandern an einem Tag Tausende von Eiderenten an der arktischen Küste vorbei. Die Schwärme fliegen in langen Reihen meist niedrig über dem Wasser. Diese Meeresente jagt ihre meist wirbellosen Beutetiere hauptsächlich im Salzwasser.

## 3 Eisente Old Squaw *Clangula hyemalis (Anatidae)*

L 38 cm Sp 76 cm

**Merkmale** Im Sommer Kopf, Hals, Brust und Rücken schwarzbraun, weiß auf den Wangen und um die Augen; im Winter Kopf und Hals weiß; Brust und Rücken schwarzbraun; Erpel mit langem Schwanzspieß.

**Vorkommen** Im Sommer nahe der Küste West- und Nordalaskas, des Yukon Territory und der Northwest Territories, auf Teichen und Wasserläufen der Tundra; im Winter von Alaska bis Kalifornien, auf Seen, in Meeresbuchten sowie weit auf dem Ozean.

**Wissenswertes** Im Flug sind Eisenten leicht zu erkennen, da sie die einzigen Enten mit weißem Kopf und dunklen Flügeln sind. Auf dem Vogelzug reisen sie meist nachts. Eisenten brütet auf der arktischen Tundra in der Nähe von Seen und entlang der Küste. Ihre Nester befinden sich versteckt unter niedrigen Büschen. Die Eisente ist die einzige Entenart mit deutlich unterschiedlichem Winter- und Balzgefieder. Nach der Ankunft in ihren Winterquartieren suchen die Tiere Muschelbänke auf, um dort zu fressen.

## 4 Gänsesäger Common Merganser *Mergus merganser (Anatidae)*

L 46 cm Sp 94 cm

**Merkmale** Schnabel rot; Kopf mit Gefiederhaube; Erpel **(4a)** am Kopf schwarzgrün, Rücken schwarz; Weibchen **(4b)** am Kopf braun, Oberseite blaugrau, Flanken grau.

**Vorkommen** Südalaska, südliches Yukon Territory, südliche Northwest Territories, British Columbia sowie Nord- und Westalberta. Auf Seen und Flüssen.

**Wissenswertes** Gänsesäger sind Tauchenten mit langem, dünnem Schnabel. Sie ernähren sich von Fischen. Um die schlüpfrige Beute im Schnabel zu halten, ist dieser seitlich gezähnt. Die Vögel brüten in bewaldeten und von klaren Flußoberläufen durchzogenen Regionen. Ihre Nester legen sie in Baumhöhlen, Felsspalten oder auch unter Büschen an.

1

2

3

4a

4b

## 1 **Weißkopfseeadler** Bald Eagle *Haliaeetus leucocephalus (Accipitridae)*

L 81 cm Sp 2 m

**Merkmale** Ein sehr großer Greifvogel; Beine halb den Lauf hinab befiedert; adulte Tiere mit weißem Kopf und Schwanz; Jungvögel braun.

**Vorkommen** In Alaska und Westkanada, fehlt in Nordalaska. Entlang Küste, an Flüssen und an Seen.

**Wissenswertes** Das charakteristische, schwarzweiße Gefieder der Weißkopfseeadler bildet sich erst im Alter von fünf Jahren aus. Jungvögel sind braun und werden häufig mit Steinadlern verwechselt, wenn auch die Befiederung der Fänge, der etwas wuchtigere Schnabel und vor allem der Lebensraum eine eindeutige Bestimmung ermöglichen. Weißkopfseeadler sieht man im Gegensatz zu Steinadlern in den Uferbäumen von Seen, Flüssen und entlang der Küste sitzen. Sie ernähren sich vor allem von Fischen. An manchen Flüssen, wie dem Chilkat River bei Haines, versammeln sich im Spätherbst Tausende von Weißkopfseeadlern, um Lachse aus dem Wasser zu fangen.

## 2 **Hühnerhabicht** Northern Goshawk *Accipiter gentilis (Accipitridae)*

L 48 cm Sp 1,07 m

**Merkmale** Oberseite grau; Unterseite weiß mit grauen Querbinden; Scheitel und Wangen dunkelgrau, getrennt durch hellen Augenstreifen.

**Vorkommen** Alaska, Yukon Territory, Northwest Territories und British Columbia, fehlt in der baumlosen Arktis. In Nadelwäldern von der Taiga bis zum Küstenregenwald.

**Wissenswertes** Wie bei den meisten Greifvögeln ist das Weibchen des Hühnerhabichts größer als das Männchen. Während das Weibchen die Eier bebrütet, sorgt das Männchen für die Versorgung der Partnerin. Auch in der ersten Zeit nach dem Schlüpfen der Jungen jagt er alleine. Das Weibchen beteiligt sich erst später, wenn das Männchen nicht mehr in der Lage ist, den wachsenden Hunger der Nachkommenschaft zu stillen. Obwohl der Habicht Tiere von der Größe eines Hasen erlegen kann, ernährt er sich in erster Linie von kleinen und mittelgroßen Vögeln. Ihr Flug setzt sich aus mehreren raschen Flügelschlägen unterbrochen von Gleitphasen zusammen.

## 3 **Steinadler** Golden Eagle *Aquila chrysaetos (Accipitridae)*

L 81 cm Sp 1,98 m

**Merkmale** Ein sehr großer Greifvogel; Gefieder braun; Kopf gelbbraun; Beine bis zu den Fängen hinab befiedert.

**Vorkommen** In Alaska und Westkanada; fehlt in Südwest-Alaska. In Gebirgsregionen.

**Wissenswertes** Beobachtet man Steinadler, so sieht man sie meist auf der Suche nach Beute in großer Höhe über Bergwiesen und Felsgraten kreisen. Sie jagen Murmeltiere, Hasen und Vögel. Vereinzelt fällt ihnen eine junge Bergziege, ein Dallschaflamm oder ein unerfahrenes Dickhornschaf zum Opfer. Im Norden ernähren sich Steinadler zu über 90 % vom Parry-Ziesel. Da diese Winterschlaf halten, ziehen die Steinadler aus Alaska und dem Yukon Territory während der kalten Jahreszeit nach Süden bis nach Colorado. Einzelne Vögel wurden sogar in Mexiko beobachtet.

## 4 **Kornweihe** Northern Harrier *Circus cyaneus (Accipitridae)*

L 42 cm Sp 1,07 m

**Merkmale** Ein schlanker Greifvogel; Flügel schmal; Schwanz lang; weißer Bürzel im Flug auffallend; Männchen grau; Weibchen braun gemustert.

**Vorkommen** In Alaska und Westkanada, fehlt an der Küste des Eismeeres. In Feuchtgebieten, im Grasland, auf der Tundra.

**Wissenswertes** Im Yukon Territory und in Alaska sind Kornweihen die häufigsten Greifvögel auf der Tundra. Regelmäßig kann man sie beobachten, wie sie nur wenige Meter über den Boden fliegend auf Kleinvögel und Nager Jagd machen. Kornweihen sind die einzigen Greifvögel, die ausschließlich am Boden brüten. Sogar für Sitzplätze suchen sie Bäume nur selten auf. Selbst die Nacht verbringen sie am Boden.

1

2

3

4

## 1 **Fischadler** Osprey *Pandion haliaetus (Pandionidae)*

L 56 cm Sp 1,40 m

**Merkmale** Fänge bläulich; Nackenfedern aufgebogen; Oberseite dunkel; Unterseite bis auf ein dunkles Kropfband weiß; im Flug sind die langen Schwingen im Handgelenk abgewinkelt.

**Vorkommen** In Süd- und Südwest-Alaska, dem südlichen Yukon Territory und im Westen British Columbias. Entlang der Küste, an Seen und Flüssen.

**Wissenswertes** Fischadler ernähren sich ausschließlich von Fischen. Zwei Zehen können nach vorne und eine nach hinten gestellt werden, und die schlüpfrige Beute so sicher ergriffen werden. Bei der Jagd stürzen sich Fischadler aus bis zu 50 m Höhe mit den Fängen voraus ins Wasser. Sie verschwinden beim Eintauchen manchmal unter der Oberfläche. Fischadler nisten auf Bäumen oder an Klippen.

## 2 **Gerfalke** Gyrfalcon *Hierofalco rusticolus (Falconidae)*

L 51 cm Sp 1,20 m

**Merkmale** Ein großer Falke; Schwingen lang und spitz zulaufend; Schwanz lang; drei Farbvarianten: schwarz, grau und weiß.

**Vorkommen** Im Sommer in der Arktis und Subarktis von Alaska, dem Yukon Territory und den Northwest Territories; im Winter auch in Südalaska und bis ins südliche British Columbia und Alberta. Auf der Tundra.

**Wissenswertes** Der Gerfalke ist der größte Falke. Er nistet auf ausgesetzten Felsbändern. Gerfalken ernähren sich in erster Linie von Vögeln wie Moor- und Alpenschneehühnern, Enten und Seevögeln. Stehen Vögel als Beute nicht zur Verfügung, jagen sie auch Kleinsäuger. Gerfalken sind mit dem Rauhfußbussard die einzigen Greifvögel, die ausschließlich in arktischen und subarktischen Regionen ihren Nachwuchs aufziehen. Da ihre Hauptbeutetiere, die Schneehühner, auch den Winter im hohen Norden verbringen, sind Gerfalken nicht gezwungen, in südlichere Gefilde abzuwandern. Aufgrund der langen Polarnächte dehnen viele Gerfalken ihr Jagdrevier im Winter nach Süden aus.

## 3 **Wanderfalke** Peregrine Falcon *Falco peregrinus (Falconidae)*

L 38 cm Sp 100 cm

**Merkmale** Oberseite schiefergrau; Kopf mit dunkler Kappe; breiter Bartstreifen, scharf abgegrenzt gegen das helle Kinn; Unterseite mit dunklen Querbinden.

**Vorkommen** Im Sommer westliches British Columbia, Süd- und Nordalaska, nördliches Yukon Territory und nördliche Northwest Territories; im Winter südwestliches British Columbia und südliche USA. Entlang der Küste, im Gebirge und im offenem Gelände, insbesondere in Feuchtgebieten.

**Wissenswertes** Wanderfalken ernähren sich fast ausschließlich von Vögeln, die sie im Flug schlagen. Sie gehören zu den schnellsten Vögeln. Im Sturzflug erreichen sie bis zu 180 km/h. Der Name ist irreführend, da nicht alle Wanderfalken im Winter einen Quartierwechsel vornehmen. Standvögel findet man im Südwesten Kanadas, wo im Winter auch Tiere hinziehen, die den Sommer in Alaska verbracht haben. Ihre Nester befinden sich meist auf ausgesetzten Felsbändern und nur selten in Bäumen.

## 4 **Buntfalke** American Kestrel *Falco sparverius (Falconidae)*

L 22 cm Sp 53 cm

**Merkmale** Ein kleiner Falke; Rücken und Schwanz rotbraun; Flügel und Kopfkappe blaugrau; Gesicht schwarz-weiß gemustert mit einem schmalen Bartstreifen.

**Vorkommen** Ostalaska, südliches Yukon Territory, südliche Northwest Territories, British Columbia und Alberta. An Waldrändern und auf Lichtungen.

**Wissenswertes** Der Buntfalke ist der kleinste und zugleich häufigste Falke auf Wiesen und in den offenen Wäldern. Von Ansitzen in Bäumen oder von Hochspannungs- und Telefonleitungen aus halten sie Ausschau nach Beute, die in erster Linie aus Insekten besteht. Häufig sieht man sie über den Wiesen rüttelnd in der Luft stehen. Sie nisten in Baumhöhlen.

1

2

3

4

## 1 **Moorschneehuhn** Willow Ptarmigan *Lagopus lagopus (Phasianidae)*

L 33 cm

**Merkmale** Läufe und Zehen befiedert; Schnabel plump; Männchen **(1c)** rotbraun, scharlachrote obere Augenlidwülste; Weibchen **(1a)** braun; Winter **(1b)**: weiß mit schwarzem Schwanz.

**Vorkommen** Alaska, Yukon Territory, Northwest Territories, British Columbia, nördliches Alberta. Auf der Tundra in der Arktis und Subarktis, im Hochgebirge oberhalb der Baumgrenze.

**Wissenswertes** Die Männchen der Moorschneehühner helfen bei der Aufzucht der Jungen, eine Verhaltensweise, die in Nordamerika unter den Vertretern der Rauhfußhühner einmalig ist. Kommt das Weibchen ums Leben, übernimmt das Männchen alleine die Aufzucht der Jungen. Ihr Nest legen sie am Boden zwischen dichter Vegetation an. Moorschneehühner sind häufig und weit verbreitet in der Arktis und Subarktis. Es ist eine der wenigen Landvogelarten, die das ganze Jahr über im Norden bleiben. Bewohner des äußersten Nordens Alaskas und der Northwest Territories wandern im Winter ein wenig nach Süden, um der langen Polarnacht auszuweichen. Der Grund für den temporären Umzug scheint der Mangel an Tageslicht zu sein und nicht die Kälte oder Futterknappheit. Im Sommer ernähren sich die Vögel von Blättern, im Winter von Knospen und Weidenkätzchen.

## 2 **Alpenschneehuhn** Rock Ptarmigan *Lagopus mutus (Phasianidae)*

L 28 cm

**Merkmale** Läufe und Zehen befiedert; Schnabel plump, aber kürzer als bei dem Moorschneehuhn; Männchen graubraun, scharlachrote obere Augenlidwülste; vom Moorschneehuhn durch das Fehlen des Rottons im Gefieder zu unterscheiden; Weibchen braun; im Winter weiß mit schwarzem Schwanz, Männchen im Gegensatz zum Weibchen mit schwarzen Augenstreifen.

**Vorkommen** Alaska, Yukon Territory, Northwest Territories, westliches British Columbia, nördliches Alberta. Auf Hochlandtundra in der Arktis und Subarktis, im Hochgebirge oberhalb der Baumgrenze.

**Wissenswertes** Alpenschneehühner bewohnen Hochlagen, die durch wenig und sehr niedrigen Pflanzenbewuchs gekennzeichnet sind. Im Sommer leben die Vögel in Paaren. Im Winter schließen sie sich zu kleinen Schwärmen zusammen, die gemeinsam auf der Suche nach Futter von Ort zu Ort fliegen. Während der kalten Jahreszeit nutzen sie jede Stunde Tageslicht, um auf Nahrungssuche zu gehen. Alpenschneehühner müssen pro Tag zwischen einem Zehntel und einem Fünftel ihres Körpergewichts an Nahrung zu sich nehmen. Wie auch die Moorschneehühner brüten sie am Boden im Schutz niedriger Sträucher.

## 3 **Felsengebirgshuhn** Blue Grouse *Dendragapus obscurus (Phasianidae)*

L 43 cm

**Merkmale** Männchen schiefergrau; über den Augen ein gelber Kamm; Schwanz schwarz mit grauen Spitzen; Weibchen brauner mit hellen Querbinden.

**Vorkommen** Südost-Alaska, südliches Yukon Territory, British Columbia, westliches Alberta. In Nadelwäldern, in Feuchtgebieten und auf Bergwiesen nahe der Baumgrenze.

**Wissenswertes** Die territorialen Männchen der Felsengebirgshühner stoßen zur Paarungszeit im Frühsommer einen Ruf aus, der entfernt an den Klang einer dumpfen Autohupe erinnert. Im Englischen bezeichnet man die Vögel daher auch als „Hooters". Den Ton erzeugen die Vögel mit Hilfe von zwei aufblähbaren Kehlsäcken seitlich am Hals. Während des Balzkonzertes sitzen die Vögel auf Baumstümpfen oder auf umgestürzten Waldriesen. Ein einzelner Vogel ist aufgrund des Balzrufs sehr schwer zu finden, da die tiefen Töne nur schlecht zu lokalisieren und die Vögel die Rufrichtung alle paar Minuten ändern. Bei der Balz stellen die Vögel den Schwanz hoch und fächern ihn auf. Die balzenden Männchen mit dem Federrad und den roten, aufgeblähten, von weißen Daunen umgebenen Kehlsäcken sind eine eindrucksvolle Erscheinung. Die Vögel sind Bodenbrüter. Im Winter ernähren sie sich fast ausschließlich von Kiefernnadeln, im Sommer von Insekten, Samen und Beeren.

1a

1b

1c

2

3

## 1 **Kanadareiher** Great Blue Heron *Ardea herodias (Ardeidae)*

L 97 cm Sp 1,78 m

**Merkmale** Großer Reiher; Oberseite und Flügel blaugrau; Unterseite weiß mit schwarzen Längsstreifen auf Bauch und Hals; Kopf weiß mit schwarzem Augenstreif, der in lange Nackenfedern übergeht.

**Vorkommen** Entlang der Pazifikküste von Südost-Alaska bis Vancouver, südliches British Columbia. In Küstenregionen, in Brackwasserlagunen, entlang von Seen, in Feuchtgebieten, in denen hohe Bäume, Felssimse oder ausgedehnte Schilfgebiete für Nistkolonien Sicherheit gewähren.

**Wissenswertes** Kanadareiher sind in der Regel Standvögel. Nur in Regionen, wo die Gewässer im Winter zufrieren, ziehen sie in der kalten Jahreszeit nach Süden. Aufgrund ihres grauen Gefieders, der langen Beine und des langen Halses werden Kanadareiher häufig für eine Kranichart gehalten. Im Unterschied zu diesen haben sie jedoch einen längeren Schnabel und tragen den Kopf und Hals im Flug zurückgebogen über den Schultern. Kanadareiher sind ausgezeichnete Fischer. Bei der Jagd stehen sie entweder bewegungslos im Wasser und warten darauf, daß sich ein Beutetier in die Reichweite ihres Schnabels begibt, oder sie waten vorsichtig durchs Wasser, um nach einem flüchtenden Fisch zu schnappen. Die Jungvögel verstreuen sich im Spätsommer. Zu dieser Jahreszeit kann man sie an Seen, Bergbächen oder auch, solange Fische darin zu finden sind, am Gartenteich antreffen.

## 2 **Indianerbläßhuhn** American Coot *Fulica americana (Rallidae)*

L 31 cm Sp 64 cm

**Merkmale** Ein mittelgroßer, kompakter Vogel; Gefieder dunkelgrau mit Stirnblässe; Schnabel weiß, Schwanzunterseite weiß; Beine und Zehen lang; Zehen mit Schwimmlappen.

**Vorkommen** Im südlichen und zentralen British Columbia, Alberta. Zur Brutzeit auf Seen und in Süßwasserfeuchtgebieten; im Winter auch in der Gezeitenzone.

**Wissenswertes** Das Indianerbläßhuhn ernährt sich äußerst vielseitig. Es weidet an Land Pflanzen ab, sammelt Insekten von der Wasseroberfläche und frißt an Wasserpflanzen befestigten Laich. Indianerbläßhühner tauchen sogar nach Nahrung, wobei sie mit einem kleinen Sprung Schwung holen. Die Vögel bauen Schwimmnester, die an Wasserpflanzen verankert sind. Sie legen 6–9 gefleckte Eier. Wie alle Vögel aus der Familie der Rallen fliegen sie nur ungern und versuchen durch Wegrennen vor etwaiger Gefahr zu flüchten. Die Tiere mausern die Arm- und Handschwingen gleichzeitig, wodurch sie einige Wochen flugunfähig sind. Auf dem Weg ins Winterquartier und zurück ziehen sie meist nachts. Während der Wanderung fliegen sie niedrig über dem Boden.

## 3 **Kanadakranich** Sandhill Crane *Grus canadensis (Gruidae)*

L 94 cm Sp 2,03 m

**Merkmale** Ein großer Vogel; langbeinig; Hals und Schnabel lang; Gefieder grau mit roter Kappe; Wangen und Kinn weiß; Stirn und Scheitel rot; Jungvögel ohne rote Kappe und grauem Gefieder.

**Vorkommen** In ganz Alaska und Westkanada. Zur Brutzeit in Feuchtgebieten auf der Tundra; beim Vogelzug in Wattgebieten, auf Feldern und im offenen Grasland.

**Wissenswertes** Kanadakraniche nisten in der Arktis und Subarktis. Man bekommt sie daher zumeist auf dem Weg zu ihren Winterquartieren in Kalifornien, Texas und Mexiko zu sehen. Anfang September fliegen sie in Scharen, die Tausende von Vögeln umfassen können, in großer Höhe an der Alaska Range entlang. Kanadakraniche, die in den Northwest Territories nisten, benutzen den Flugkorridor am Fuß der kanadischen Rockies. Ihr lauter, trompetenartiger Ruf ist über viele Kilometer zu hören. Das Balzritual der Kraniche schließt einen Paarungstanz ein, bei dem die Vögel ihre Köpfe beugen, Luftsprünge vollführen und mit den Flügeln schlagen. Sie ernähren sich von Nagetieren, Insekten und Fröschen. Im Unterschied zum Kanadareiher, den man meist einzeln zu Gesicht bekommt, treten die Kraniche in Paaren oder Scharen auf. Auch sieht man Kraniche nie in Bäumen und nur in Ausnahmefällen im Wasser stehen.

1

2

3

## 1 **Klippenausternfischer** Black Oystercatcher *Haematopus bachmani (Haematopodidae)*

L 38cm

**Merkmale** Ein krähengroßer Vogel; Gefieder schwarz; Schnabel gerade, rot, seitlich zusammengedrückt; Beine kräftig, kurz, rosa, ohne Hinterzehe; Augen gelb und rot umrandet.

**Vorkommen** Entlang der Pazifikküste vom südlichen British Columbia bis zu den westlichen Inseln der Aleuten Alaskas. An felsigen Küstenabschnitten.

**Wissenswertes** Auf den Speisezettel der Austernfischer gehören Muscheln, Napfschnecken, Käferschnecken und Rankenfußkrebse, die sie von den Felsen lösen. Auch durchsuchen sie den Schlick nach marinen Würmern und anderen Invertebraten. Um an die Weichteile der Muscheln heranzukommen, führen die Austernfischer ihren meißelförmigen Schnabel zwischen die Muschelschalen und durchtrennen den Schließmuskel. Auffällig sind ihre langen Balzflüge. Jede Kehre und Wende in der Luft wird von einem lauten Ruf begleitet. Nach der Brutzeit bilden die Vögel kleine Schwärme. Bei Ebbe versammeln sich dann häufig 40–50 Individuen auf einem flachen Felsen am Wasser.

## 2 **Amerikanischer Goldregenpfeifer** Lesser Golden Plover *Pluvialis dominica (Charadriidae)*

L 23cm

**Merkmale** Mittelgroß; Unterseite bis zu den Wangen schwarz; Oberseite bis zum Scheitel goldbraun; breiter weißer Streifen von der Stirn bis vor den Flügel; Schnabel schwarz; Augen groß.

**Vorkommen** In Nord- und Westalaska, dem nördlichen Yukon Territory und den nördlichen Northwest Territories; Zugkorridor im westlichen British Columbia. Auf der arktischen Tundra, im Frühjahr auf Feldern, Wiesen und Wattgebieten.

**Wissenswertes** Der Amerikanische Goldregenpfeifer gehört zu den Fernreisenden unter den Zugvögeln. Den Sommer verbringen die Tiere im hohen Norden auf der Tundra, den Winter in Südamerika. Manche der in Alaska brütenden Tiere ziehen sogar über Japan nach Australien und Neuseeland, wieder andere nach Hawaii. Die Vögel sind Bodenbrüter und bleiben bei Annäherung, der Tarnung ihres Gefieders vertrauend, bis zum letzten Augenblick auf den Eiern sitzen.

## 3 **Keilschwanzregenpfeifer** Killdeer *Charadrius vociferus (Charadriidae)*

L 20 cm

**Merkmale** Unterseite weiß; zwei schwarze Halsstreifen; Stirn weiß; schwarzer Augenstreifen; Scheitel und Rücken graubraun; Bürzel und Schwanzoberseite rötlich.

**Vorkommen** In Südalaska, den südlichen Northwest Territories sowie in British Columbia und Alberta. Auf Feldern und Weiden, in Wattgebieten.

**Wissenswertes** Keilschwanzregenpfeifer werden zu Schauspielern, wenn ihren Jungen oder dem Nest Gefahr droht. Sie schleppen sich dann über den Boden, häufig nur ein Bein benutzend, und geben vor, den Flügel gebrochen zu haben. Die Simulanten verfolgen die Absicht, einen möglichen Räuber wegzulocken. Meist haben sie Erfolg. Sobald sich der Eindringling wieder in einem sicheren Abstand zum Gelege oder dem Nachwuchs befindet, erfolgt die wundersame Heilung und der Vogel fliegt davon. Im Binnenland ernähren sich die Tiere in erster Linie von Insekten. Am Meer wird die Diät um kleine Mollusken und Krebstiere bereichert.

## 4 **Rostbrachvogel** Long-billed Curlew *Numenius americanus (Scolopacidae)*

L 48 cm

**Merkmale** Eine große Schnepfe; Beine lang; Schnabel sehr lang, nach unten gebogen; Gefieder braun; dunkler Augen- und Scheitelstreifen.

**Vorkommen** Im südlichen British Columbia und südlichen Alberta. Auf Wiesen und Weiden; außerhalb der Brutzeit auch im Watt und in Feuchtgebieten.

**Wissenswertes** Der Rostbrachvogel zieht bei der Wahl des Nistplatzes Wiesen und Sumpfgebiete kahlem Untergrund vor. Er frißt in erster Linie tierische Nahrung bis zur Größe von kleinen Fröschen.

1

2

3

4a

4b

## 1 Alpenstrandläufer Dunlin *Calidris alpina (Scolopacidae)*

L 18 cm

**Merkmale** Ein untersetzter und gedrungener Vogel; Schnabel kopflang; Beine schwarz; dunkel gestrichelte Kopfplatte; heller Überaugenstreif; Oberseite rotbraun; Unterseite fein gestreift mit großem, schwarzem Bauchschild; im Winter grau.

**Vorkommen** Am westlichen und nördlichen Rand des amerikanischen Kontinents in Alaska, dem Yukon Territory und den Northwest Territories. An der Küste und entlang von Seen in Nähe des Meeres.

**Wissenswertes** Alpenstrandläufer ziehen im Frühjahr in großen Schwärmen entlang der Pazifikküste nach Norden. Einige verbringen den Winter in Südost-Alaska und an der Küste British Columbias. Anfang Mai erreichen sie in Begleitung von über 20 Millionen anderer Strandvögeln das Copper River Delta in Südalaska. Hier verbleiben sie für einige Wochen, um in den ausgedehnten Wattgebieten verbrauchte Energien zu ersetzen. Im weichen Sand suchen sie nach Insekten und anderen Kleintieren. Bei Ebbe verstreuen sich die Vögel über das Watt. Fliegt ein Greifvogel vorbei, erheben sie sich vom Boden und bilden dichte Schwärme, die aus Hunderten von Individuen bestehen und gleichsam einer kleinen Wolke durch die Luft wirbeln. Mit Eintreffen eines Sturmtiefs ziehen sie weiter Richtung Norden zu ihren Brutgebieten. Alpenstrandläufer bilden häufig gemeinsam mit dem **Bergstrandläufer** *(Calidris mauri)* Schwärme. Von diesen unterscheiden sie sich durch den auffälligen, schwarzen Bauchfleck. Alpenstrandläufer bauen ihr Nest auf der Feuchttundra und in Küstenfeuchtgebieten.

## 2 Großer Gelbschenkel Greater Yellowlegs *Tringa melanoleuca (Scolopacidae)*

L 28 cm

**Merkmale** Ein großer Strandläufer; Hals lang; Schnabel leicht nach oben gebogen; undeutlicher weißer Streifen über den Augen; Beine lang und gelblich; Oberseite grau mit dunklen Flecken; Unterseite hellgrau bis weiß; Schwanz gebändert.

**Vorkommen** Im nördlichen Teil des Taigagürtels von Alaska bis Ostkanada, im Winter im äußersten Süden der USA sowie in Mittel- und Südamerika. In Sümpfen und auf Feuchtwiesen in den nördlichen Nadelwäldern oder im Gebirge.

**Wissenswertes** Der große Gelbschenkel zeigt weder am Nest noch sonst Furcht vor potentiellen Räubern. Innerartliche Dominanzgebahren sind nicht auf die Brutzeit beschränkt. So stellen sie den Schwanz und die Unterschwanzdecken zur Schau, wenn sie einen Artgenossen von einer Futterstelle vertreiben wollen. Der Große Gelbschenkel unterscheidet sich vom **Kleinen Gelbschenkel** *(Tringa flavipes)* durch die Größe und den längeren Schnabel. Die beiden Gelbschenkel sind die einzigen langbeinigen Strandläufer mit gelben Beinen.

## 3 Gemeine Bekassine, Sumpfschnepfe Common Snipe *Gallinago gallinago (Scolopacidae)*

L 23 cm

**Merkmale** Gefieder braun gemustert; Kopf gestreift; Längsstreifen auf Rücken; Hals und Beine kurz; Schnabel sehr lang; Schwanz orangebraun.

**Vorkommen** In ganz Alaska und Westkanada. Auf Sumpfwiesen und in Moorgebieten, beim Zug auch im Watt.

**Wissenswertes** Die Nester der Bekassinen liegen versteckt im Riedgras. Die Tiere legen in der Regel vier Eier. Beim Auffliegen folgen sie einem Zickzackkurs. Die äußeren Steuerfedern am Schwanz erzeugen beim Balzflug das typische Meckern der Bekassinen. Die Vögel steigen auf, um sich dann schräg hinunterfallenzulassen, wobei sie die Steuerfedern im rechten Winkel zum Körper abspreizen. Durch Wiederholung dieses Manövers ergibt sich der charakteristische Auf- und Niederflug der um paarungswillige Weibchen werbenden männlichen Bekassinen. Während des Sommers vermeiden die Vögel Gelände ohne jegliche Deckung. Während sie wandern, zeigen sie sich jedoch in Scharen auch auf offenen Schlammflächen. Bekassinen benötigen weiche, feuchte Böden, in denen sie mit ihrem langen Schnabel nach Insekten und Würmern stochern. Bekassinen sind als Brutvögel in allen Erdteilen außer in Australien und in der Antarktis vertreten.

1

2

3

## 1 **Falkenraubmöwe** Long-tailed Jaeger *Stercorarius longicaudus (Laridae)*

L 46 cm

**Merkmale** Eine mittelgroße, langschwänzige Möwe; Hals und Unterseite weiß; Rücken, Flügel und Schwanz graubraun, Kopf mit dunkler Kappe; Flügel lang, spitz, abgewinkelt an den Handgelenken; spitzer Haken an dem Oberschnabel; mittlere Schwanzfedern 20 cm lang.

**Vorkommen** In Alaska, dem Yukon Territory und den Northwest Territories, an der Küste British Columbias. Auf Hochland- und Küstentundra, entlang der Küste und auf der Hochsee.

**Wissenswertes** Die Falkenraubmöwen gehören zu den Fernreisenden in der Vogelwelt. Den Winter verbringen sie in der Südsee, den Sommer im hohen Norden. Außerhalb der Brutzeit leben die Falkenraubmöwen auf hoher See oder entlang der Küste. Ihre Jungen ziehen die Vögel auf der Tundra groß, zum Teil Hunderte von Kilometern vom Meer entfernt. Nähern sich Räuber dem Nest, fliegen sie gegen diese heftige Attacken. Ihre Nahrung erstreiten sie sich zumeist auf Raubzügen, bei denen sie anderen Seevögeln die Beute abjagen.

## 2 **Bering-Möwe** Glaucous-winged Gull *Larus glaucescens (Laridae)*

L 56 cm Sp 1,37 m

**Merkmale** Eine große, weiße Möwe mit grauem Rücken und Flügeln; graue Handfedern mit weißem Fenster nahe den Federspitzen; Beine fleischfarben; Schnabel gelb; roter Punkt auf dem Unterschnabel.

**Vorkommen** Von den Aleuten Westalaskas bis ins südliche British Columbia. An Felsen- und Sandstränden, auf dem offenem Meer, in Häfen, auf Mülldeponien.

**Wissenswertes** Die Bering-Möwe ernährt sich vor allem am Strand. Dort vertilgt sie Aas, Seesterne und Muscheln. Von der Wasseroberfläche lesen sie tote Fische und Sepien auf. Zudem sind sie bedeutende Räuber von Eiern und Jungvögeln in Seevogelkolonien. In Häfen und Städten durchsuchen sie den Abfall. Ein beringtes Weibchen flog täglich von ihrem Nest zu einer 60 km entfernten Mülldeponie.

## 3 **Dreizehenmöwe** Black-legged Kittiwake *Rissa tridactyla (Laridae)*

L 34 cm Sp 91 cm

**Merkmale** Eine kleine Möwe; weiß mit grauem Rücken und Flügeln; Flügelenden schwarz; Beine schwarz; Hinterzehe kurz, stummelförmig; Schnabel gelb.

**Vorkommen** Zur Brutzeit in arktischen und subarktischen Gewässern entlang der Küste Alaskas; im Herbst und Frühjahr an der Pazifikküste von Alaska bis zum südlichen British Columbia. Auf hoher See, entlang der Küste und in Flußmündungen.

**Wissenswertes** Dreizehenmöwen bilden an steilen Seeklippen riesige Nistkolonien, die aus Tausenden von Vögeln bestehen. Eine Brutkolonie auf den Pribilof Islands erstreckt sich über 8 km. Die Dreizehenmöwe ernährt sich von Kleinfischen, wobei sie als einzige Möwenart taucht.

## 4 **Küstenseeschwalbe** Arctic Tern *Sterna paradisaea (Laridae)*

L 38 cm Sp 79 cm

**Merkmale** Unterseite weiß, Oberseite grau; Oberkopf schwarz; Schnabel rot; Flügel lang und schmal; Beine kurz und rot; Schwanz tief gegabelt.

**Vorkommen** In Alaska, dem Yukon Territory, den Northwest Territories und an der Küste British Columbias. Auf hoher See, entlang der Küste, in Wattgebieten, an Stränden, entlang von Flüssen und Seen und in Feuchtgebieten.

**Wissenswertes** Die Küstenseeschwalbe ist der Weltrekordler unter den Zugvögeln. Als Tiere des ewigen Sommers brüten sie im hohen Norden und ziehen danach bis hinunter in die Antarktis. Ihre Nester legen sie zwischen Steinen oder auf dem Sand an. Trotz des Namens trifft man sie im Norden auch im Inneren des Landes an. Küstenseeschwalben ernähren sich von Fischen. Beim Fischfang rütteln sie über dem Wasser. Wenn sie einen Beutefisch nahe der Oberfläche entdecken, stürzen sie sich mit dem Schnabel voraus ins nasse Element.

1a

2

1b

3

4

## 1 Hornlund Horned Puffin *Fratercula corniculata (Alcidae)*

L 29 cm

**Merkmale** Ein taubengroßer Vogel; Schnabel von der Seite gesehen hoch und dreieckig, bunt; Oberseite und Kopf schwarz bis auf weiße Wangen; Unterseite weiß; kleines, schwarzes Federhorn über den Augen.

**Vorkommen** In Alaska westlich bis zur Seward Peninsula, außerdem in British Columbia. Auf der Hochsee und in Golfgewässern; an Land nur zum Nisten.

**Wissenswertes** Der relativ große Schnabel der Lunde ist hilfreich bei der Fischjagd. Er ermöglicht es den Vögeln, drei bis vier Fische gleichzeitig zurück zu den Jungen zu transportieren. In den dichtbesetzten Brutkolonien hat der Schnabel auch Signalfunktion in der Kommunikation mit Artgenossen und mit dem Partner. Diese pflegen sich gegenseitig ausgiebig das Gefieder. Nach der Brutsaison verschwinden Lunde, auch Papageientaucher genannt, auf die hohe See. Erst im nächsten Frühjahr erscheinen sie wieder an der Küste. Wo genau sie den Winter verbringen, ist unbekannt.

## 2 Schopflund Tufted Puffin *Fratercula cirrhata (Alcidae)*

L 32 cm

**Merkmale** Ein taubengroßer Vogel; Schnabel von der Seite gesehen hoch und dreieckig, bunt; Gefieder schwarz bis auf weiße Wangen; langer goldblonder Federbüschel hinter den Augen.

**Vorkommen** In Alaska nördlich bis zur Beringsee, außerdem in British Columbia. Auf der Hochsee und in Golfgewässern; an Land nur zum Nisten.

**Wissenswertes** Papageientaucher, oder Lunde, nisten in Erdhöhlen oder Felsspalten. Wie alle Vögel aus der Familie der Alke sind sie schlechte Flieger. Die Schwingen sind kurz und haben sich als Kompromiß entwickelt. Eleganz im Flug wurde der Fähigkeit, die Flügel zum Antrieb beim Tauchen zu verwenden, geopfert. Schopflunde bilden mit Hornlunden *(Fratercula corniculata)* gemischte Brutkolonien.

## 3 Rotschnabelalk Parakeet Auklet *Cyclorrhynchus psittacula (Alcidae)*

L 18 cm

**Merkmale** Ein amselgroßer Vogel; Oberseite, Kopf und Kehle schwarz, Augen weiß; langer weißer Streifen hinter den Augen; Unterseite weiß; Schnabel rot.

**Vorkommen** In Süd- und Westalaska bis zur Seward Peninsula, vor Westkanada nur auf dem offenen Meer. Auf dem offenen Meer, an Felsküsten und auf Inseln.

**Wissenswertes** Der kleine Rotschnabelalk nistet verstreut inmitten der zum Teil riesigen Brutkolonien von Papageientauchern und Lummen unter Steinen, in Felsspalten und sogar in Erdhöhlen. Obwohl sie deutlich in der Unterzahl sind, können auch ihre Brutkolonien noch aus über 100.000 Vögeln bestehen. Bei dem Brutgeschäft wechseln sich die beiden Elterntiere ab. Nach einem vollen Tag auf dem Nest verbringen sie die nächsten 24 Stunden im Wasser auf der Nahrungssuche. Der Rotschnabelalk ernährt sich in erster Linie von Krill.

## 4 Trottellumme Common Murre *Uria aalge (Alcidae)*

L 36 cm

**Merkmale** Oberseite inklusive Kopf und Hals dunkelbraun, fast schwarz; Unterseite weiß; Schnabel dünn und schwarz; Zehen durch Schwimmhäute verbunden; im Winter Kehle und Wangen weiß.

**Vorkommen** Entlang der Westküste von den Aleuten (Alaska) bis zum südlichen British Columbia. Auf der Hochsee und in Golfgewässern; an Land nur zum Nisten.

**Wissenswertes** Trottellummen sind in der gesamten nördlichen Hemisphäre zu Hause. Das Festland suchen sie nur auf, um zu brüten und ihren Nachwuchs großzuziehen. Sie nisten in Kolonien auf Felsbändern an Klippen. Das einzige, große, birnenförmige Ei wird auf dem blanken Stein bebrütet. Bevor die Jungen richtig fliegen können, springen sie aus bis zu 20 m Höhe ins Meer und folgen den Eltern zuerst schwimmend, später fliegend, zu den Hunderte von Kilometern entfernten Überwinterungsgebieten.

1

2

3

4a

4b

## 1 **Bartkauz** Great Gray Owl *Strix nebulosa (Strigidae)*

L 56 cm Sp 1,52 m

**Merkmale** Die größte Eule Nordamerikas; Kopf rund; keine Federohren; sehr großer Schleier um die Augen mit konzentrischen Ringen; Augen gelb; Oberseite graubraun gemustert; Unterseite mit dünnen, dunkelgrauen Längsbinden; Schwanz lang.

**Vorkommen** In Alaska und Westkanada; fehlt nördlich der Baumgrenze und im südlichen British Columbia westlich der Coast Range. In Sümpfen und in Nadelwäldern.

**Wissenswertes** Der Bartkauz ist im Norden recht häufig. Sein Ruf ist ein tiefes, weit-hallendes *Buuh*. Die Artbestimmung fällt in der Regel leicht, da der Bartkauz neben der Schnee-Eule die einzige, große Eulenart ist, die gelbe Augen hat aber keine Federohren.

## 2 **Schnee-Eule** Snowy Owl *Nyctea scandiaca (Strigidae)*

L 51 cm Sp 1,40 m

**Merkmale** Eine große Eule; Kopf rund; keine Federohren; Männchen weiß; Weibchen weiß, meist mit braunen Flecken und Binden.

**Vorkommen** Nordalaska, nördliches Yukon Territory, nördliche Northwest Territories. Im Sommer nördlich der Baumgrenze auf der offenen Tundra.

**Wissenswertes** Schnee-Eulen jagen am Tag. Ihr Ansitz ist ein Stein oder kleiner Hügel in der offenen Tundra. Sie sind Bodenbrüter. Das Hauptkriterium bei der Wahl des Nistplatzes ist die Trockenheit des Untergrundes. Ergibt sich die Gelegenheit, nutzen sie auch Klippen für den Nestbau. Zu ihren Beutetieren gehören Hasen, Mäuse und vor allem Lemminge.

## 3 **Rauhfußkauz** Boreal Owl *Aegolius funereus (Strigidae)*

L 25 cm Sp 61 cm

**Merkmale** Eine kleine Eule; keine Federohren; Augen gelb; Schwanz kurz; Oberseite dunkelbraun gemustert; Unterseite mit dunklen Längsstreifen; Gesichtsschleier hell, schwarz umrandet; Schnabel gelb.

**Vorkommen** In Alaska und Westkanada; fehlt nördlich der Baumgrenze, an der Küste und im südlichen British Columbia. In Nadel- und Mischwäldern.

**Wissenswertes** Der Rauhfußkauz ist hauptsächlich nachtaktiv. Nur im subarktischen Sommer geht er auch tagsüber auf Jagd. Die Vögel nisten in Baumhöhlen. Der Rauhfußkauz ernährt sich von Mäusen, Kleinvögeln und zum Teil auch Insekten.

## 4 **Sperbereule** Northern Hawk Owl *Surnia ulula (Strigidae)*

L 36 cm Sp 84 cm

**Merkmale** Eine schlanke Eule; Schwanz lang und schmal; Oberseite dunkelbraun mit hellen Flecken; Unterseite mit dunklen Querbinden; keine Federohren.

**Vorkommen** In Alaska und Westkanada; fehlt nördlich der Baumgrenze, im südlichen British Columbia und im südlichen Alberta. In offenen Nadel- und Mischwäldern, in Mooren.

**Wissenswertes** Die Sperbereule ist tagaktiv. In der Tundra sitzen sie häufig in der Krone einer vereinzelten Fichte. Sie nisten in Baumhöhlen oder Felsnischen.

## 5 **Amerikanischer Uhu** Great Horned Owl *Bubo virginianus (Strigidae)*

L 51 cm Sp 1,40 m

**Merkmale** Eine große Eule; Federohren weit auseinander; Augen gelb; Oberseite graubraun gemustert; Unterseite mit dünnen, dunkelgrauen Querbinden.

**Vorkommen** In ganz Nordamerika mit Ausnahme der Arktis. In allen Habitaten, fehlt nördlich der Baumgrenze.

**Wissenswertes** Amerikanische Uhus nisten in verlassenen Greifvogelhorsten oder Felsnischen. Das Nest verteidigt der Amerikanische Uhu gegen jegliche Störenfriede, sogar wenn es sich dabei um Menschen handelt. Die Eule jagt Hasen, Grauhörnchen, Wiesel und Vögel. Gelegentlich fangen sie sogar Stachelschweine und Stinktiere.

1

2

3

4

5

## 1 **Goldspecht** Common Flicker oder Northern Flicker *Colaptes auratus (Picidae)*

L 27 cm

**Merkmale** Ein großer Specht; Rücken braun mit dunklen Querbinden; Bürzel weiß; Kopf braun mit grauem Gesicht und Kehle; Männchen mit rotem Wangenbart; schwarzer Brustschild; Unterseite weiß mit schwarzen Flecken; Unterseite Flügel und Schwanz hellrot.

**Vorkommen** In ganz Nordamerika. In Laub- und Mischwäldern, an Rändern von Nadelwäldern und in jungen Baumbeständen.

**Wissenswertes** Der Goldspecht ernährt sich von Ameisen und anderen Bodeninsekten. Im Winter frißt er auch Beeren. Es existieren drei Farbvarianten, die ursprünglich als separate Arten betrachtet wurden. Die gelbe Rasse **(1)** besitzt ihr Verbreitungsgebiet östlich der Rockies. Neben der gelblichen Unterseite der Flügel und des Schwanzes unterscheiden sie sich von ihren weiter westlich beheimateten Artgenossen zusätzlich durch ein rotes Nackenband. Eine weitere Rasse ist in Arizona und Mexiko verbreitet. Der Flug der Goldspechte setzt sich aus mehreren Flügelschlägen unterbrochen von einer Gleitphase zusammen.

## 2 **Haarspecht** Hairy Woodpecker *Picoides villosus (Picidae)*

L 19 cm

**Merkmale** Ein mittelgroßer Specht; Kopf weiß mit schwarzer Stirn, Scheitel, Augenmaske und Bartstrich; Rücken und Unterseite weiß; Flügel schwarz mit weißen, zu Querbinden angeordneten Flecken; Schwanz schwarz mit weißen Außenfedern; Männchen mit rotem Nackenband;.

**Vorkommen** In ganz Nordamerika, fehlt nördlich der Baumgrenze. In Laub- und Nadelwäldern.

**Wissenswertes** Der Haarspecht ist eine von 22 in Nordamerika vorkommenden Spechtarten. Die Männchen der Haarspechte besitzen einen längeren, kräftigeren Schnabel als die Weibchen. Männliche Haarspechte sichern sich ihre Nahrung, indem sie Löcher in die Rinde hämmern und die darunter befindlichen Maden mit ihrer äußerst langen, beweglichen Zunge herausziehen. Sie lokalisieren die Beute durch leichtes Klopfen gegen den Baum. Die Weibchen hingegen suchen unter losen Rindenstücken und in Spalten nach Insektenlarven. Auf diese Weise können die Tiere unterschiedliche Nahrungsquellen nutzen ohne miteinander zu konkurrieren. Ihre Nisthöhlen legen sie in Baumstämmen an. Sie werden später von zahlreichen anderen Waldtieren von Vögeln bis hin zum Nördlichen Gleithörnchen benutzt. Der Haarspecht wird leicht mit dem **Dunenspecht** *(Picoides pubescens)* verwechselt. Diese Art ist aber kleiner. Auch ist sein Schnabel im Verhältnis zur Größe des Kopfes kürzer, und die Schwanzaußenfedern sind nicht weiß.

## 3 **Feuerkopf-Saftlecker** Yellow-bellied Sapsucker *Sphyrapicus varius (Picidae)*

L 18 cm

**Merkmale** Rücken dunkel mit weißen Querbinden; Stirn, Scheitel und Kehle rot; zwei breite, weiße Streifen quer über Kopf; schwarzes Brustschild; Bauch gelblich; Bürzel weiß; langer, weißer Flügelfleck.

**Vorkommen** Von British Columbia über Alberta und das südliche Yukon Territory bis in die südlichen Northwest Territories. Entlang von Nadelwaldrändern, in Espen- und Erlenbeständen.

**Wissenswertes** Saftlecker ernähren sich in erster Linie von Insekten, die sie aus der Rinde entfernen. Da sie auf diese Weise viele Baumschädlinge vertilgen, spielen sie eine wichtige Rolle im Wald. Saftlecker reichern ihren Speiseplan zudem dadurch an, daß sie entlang einer waagerechten Linie oder in einem Schachbrettmuster um den Baum herum Löcher in den Stamm meißeln und die austretende Flüssigkeit auflecken. Wie alle Spechte besitzen Feuerkopf-Saftlecker einen Kletterfuß mit zwei nach vorne und zwei nach hinten gerichteten Zehen. Zudem ist der Schwanz steif und stützt auf diese Weise den Körper am senkrechten Stamm. Der ähnliche und nahverwandte **Rotbrust-Saftlecker** *(Sphyrapicus ruber)* bewohnt die Küstenwälder Südostalaskas und British Columbias. Er unterscheidet sich vom Feuerkopf-Saftlecker durch die rote Brust und den roten Kopf.

1

2

3

## 1 **Fuchskolibri** Rufous Hummingbird *Selasphorus rufus (Trochilidae)*

L 9 cm

**Merkmale** Schnabel lang und dünn; Männchen: Oberseite und Flanken rot bis rotbraun, Kehle orange-rot, metallisch glänzend, Brust weiß; Weibchen: Oberseite grün; Flanken und Schwanzfedern am Ansatz rot.

**Vorkommen** Im westlichen British Columbia und in Südost-Alaska. Entlang von Waldrändern, in Dickichten sowie Laub- und Nadelwäldern, auf Bergwiesen.

**Wissenswertes** Kolibris ernähren sich fast ausschließlich von Nektar. Die Schwingen der Tiere haben einen kurzen Arm- und einen langen Handteil. So können sie in der Luft vor der Blüte stehen oder sogar rückwärts fliegen. Ab einer bestimmten Außentemperatur verfallen sie nachts in eine Ruhestarre. In den Bergen kann man Fuchskolibris tagsüber sogar manchmal bei Schneegestöber beobachten.

## 2 **Arkansastyrann** Western Kingbird *Tyrannus verticalis (Tyrannidae)*

L 18 cm

**Merkmale** Starengroß; Schnabel kräftig; Oberschnabel mit Haken; Oberseite olivgrau; Kehle und Brust hellgrau; Bauch gelblich; Flügel braun; Schwanz schwarz mit weißen Außenfedern.

**Vorkommen** Im südlichen British Columbia und südlichen Alberta. In offener Landschaft mit Bäumen oder Sträuchern.

**Wissenswertes** Der Arkansastyrann ist ein häufiger Vogel auf Farmen und entlang von Wasserläufen, solange vereinzelte Bäume Nistplätze bereitstellen. Ihr Name bezieht sich auf ihr ausgeprägtes Territorialverhalten. Aus ihrem Revier vertreiben sie sogar Eindringlinge, die deutlich größer sind als sie.

## 3 **Ohrenlerche** Horned Lark *Eremophila alpestris (Alaudidae)*

L 17 cm

**Merkmale** Oberseite braun; Unterseite weiß; schwarzes Brustschild; Kehle gelblich; Gelber Streifen von der Stirn über die Augen zum Nacken; schwarzes, gebogenes Gesichtsband vom Schnabel über die Augen zur Wange; Männchen mit schwarzen Federohren am Kopf.

**Vorkommen** In Alaska außer im Nord- und Südwesten, im westlichen Yukon Territory, in den Northwest Territories, im östlichen British Columbia und in Alberta. Im Sommer auf alpiner Tundra.

**Wissenswertes** Die Ohrenlerche ist die einzige Lerchenart Nordamerikas. Ohrenlerchen sind Bodenbrüter.

## 4 **Nordamerika-Großfischer, Gürtelfischer** Belted Kingfisher *Ceryle alcyon (Alcedinidae)*

L 31 cm

**Merkmale** Kopf groß mit Federhaube; Schnabel kräftig und lang; Kopf und Rücken blaugrau; Kehle und Hals weiß; blaugraues Brustband; Bauch weiß; Schwanz mit weißen Querbinden; Weibchen mit rotem Band auf Brust; die drei Vorderzehen teilweise miteinander verschmolzen.

**Vorkommen** In ganz Nordamerika mit Ausnahme der Arktis. Nahe von klaren Gewässern, entlang von Flüssen und Seen, an der Meeresküste.

**Wissenswertes** Großfischer treiben mit dem Schnabel Nisthöhlen in eine steile Uferböschung. Das Gelege aus 3–8 Eiern wird von beiden Altvögeln abwechselnd bebrütet.

## 5 **Fahlstirnschwalbe** Cliff Swallow *Hirundo pyrrhonota (Hirundinidae)*

L 13 cm

**Merkmale** Flügel lang und spitz zulaufend; Schwanz kurz, ohne Gabel; Oberseite blauschwarz; Kehle rotbraun; Stirn weißlich; Unterseite weiß; Bürzel orangefarben.

**Vorkommen** Fast in ganz Nordamerika, fehlt in der Arktis und in Südwest-Alaska. Entlang von Wasserläufen und Seen und in offenem Gelände.

**Wissenswertes** Die Fahlstirnschwalben sind Kolonienbrüter. Ihre birnenförmigen Lehmnester legen sie unter schützenden Vorsprüngen. Sie jagen hauptsächlich über dem Wasser und in offenen Landschaften.

1

2

3

4

5

## 1 **Blauhäher** Blue Jay *Cyanocitta cristata (Corvidae)*

L 25 cm

**Merkmale** Oberseite blau; Schwanz und Flügel mit dunklen Querbinden; Unterseite grauweiß; Kopfseiten blaßgrau; schmales schwarzes Stirnband; ringförmiges, schwarzes Band um die Brust und über den Nacken.

**Vorkommen** Im südlichen Kanada von den Rocky Mountains bis ins zentrale Alberta. In Eichen- und Kiefernwäldern.

**Wissenswertes** Der Blauhäher ist im östlichen Nordamerika sehr häufig, kommt aber auch in den Rocky Mountains und insbesondere im Winter im gesamten südlichen British Columbia vor. In seiner Lebensweise entspricht er weitgehend dem einheimischen Eichelhäher. Er ist Allesfresser. Zu seiner Nahrung gehören kleine Säuger, Vögel, Insekten und Samen. Er plündert auch die Nester von Singvögeln. Im Herbst ziehen die Blauhäher in kleinen Scharen umher, die bis zu 50 Vögel umfassen können. Auf der Suche nach Samen besuchen sie Eichen und andere Laubbäume. Die Blauhäher verstecken im Erdreich Eicheln, die sie nicht sofort verzehren können, als Vorrat für den Winter.

## 2 **Diademhäher** Steller's Jay *Cyanocitta stelleri (Corvidae)*

L 28 cm

**Merkmale** So groß wie der mitteleuropäische Eichelhäher; Kopf, Kehle und Schultern schwarz; restlicher Körper dunkelblau; Kopf mit Federhaube.

**Vorkommen** In Alaska südlich der Alaska Range, im südwestlichen Yukon Territory und in British Columbia. In Nadel- und Mischwäldern.

**Wissenswertes** Diademhäher sieht man häufig ruhig in den Baumwipfeln sitzen und die Umgebung beobachten. Der Diademhäher nistet in Nadelbäumen. Sein Nest befindet sich mindestens drei Meter über dem Boden. Im Herbst ziehen sie hinab in tiefere Lagen, verlassen die Nadelwälder und verbringen den Winter in Laubwäldern, insbesondere in Eichenhainen.

## 3 **Kiefernhäher** Clark's Nutcracker *Nucifraga columbiana (Corvidae)*

L 28 cm

**Merkmale** Schnabel lang und schwarz; Gefieder dunkelgrau; Flügel schwarz mit weißer Querbinde; Schwanz schwarz mit weißen Außenfedern.

**Vorkommen** Im südlichen British Columbia und in Alberta. In subalpinen Wäldern nahe der Baumgrenze; im Winter in tieferen Lagen.

**Wissenswertes** Der Kiefernhäher ähnelt in seiner Lebensweise dem einheimischen Tannenhäher. Sie ernähren sich vor allem von Nüssen und Samen. Ihre Wanderungen im Winter sind schwierig vorherzusehen. Aufgrund schwankender Samenproduktion in den Nadelwäldern erscheinen sie in manchen Jahren in der kalten Jahreszeit in großer Zahl an der Pazifikküste. Dann vergehen wieder Jahre, bis Kiefernhäher dort erneut beobachtet werden. Während der Nahrungssuche, bewahren sie bereits gefundene Nüsse – falls sie nicht sofort verspeist werden – in einem Kehlsack auf, der ein erstaunliches Fassungsvermögen besitzt.

## 4 **Kanadahäher** oder **Meisenhäher** Gray Jay *Perisoreus canadensis (Corvidae)*

L 24 cm

**Merkmale** Oberseite dunkelgrau; helles Band um den Nacken; Unterseite und Stirn hellgrau; Schwanz lang.

**Vorkommen** In ganz Alaska und Westkanada. In Nadel- und Mischwäldern.

**Wissenswertes** Der Kanadahäher ist auch als Camp Robber bekannt. Auf Campingplätzen stehlen die Tiere neben Brotresten auch gefrorenes Fleisch und Fett, verkleben die Nahrungsbrocken mit ihrem Speichel und verstecken diese Vorratskügelchen. Derartige Lagerbestände kommen im Winter nicht nur den Kanadahähern zugute. Häufig werden sie von Grauhörnchen und Mäusen geplündert. Im Herbst und Winter ernähren sich die Vögel hauptsächlich von Beeren und Samen. Sie klettern in Meisenmanier durch das Geäst, zerbrechen die Zapfen auf einem Ast und klauben den Samen heraus.

1

2

3

4

## 1 Elster Black-billed Magpie *Pica pica (Corvidae)*

L 41 cm

**Merkmale** Ein großer, schwarzweißer Vogel mit langem Schwanz; Schnabel, Kopf, Rücken und Brust schwarz; Bauch weiß; weißes Schulterband; Flügel und Schwanz grün schillernd.

**Vorkommen** In Süd- und Zentralalaska, dem südlichen Yukon Territory, den südlichen Northwest Territories sowie in British Columbia und Alberta. In offenen Wäldern, im Grasland, entlang Wasserläufen und auf der Feuchttundra.

**Wissenswertes** In ihrem Verbreitungsgebiet sind Elstern die einzigen Vögel, deren Schwanz länger als der Körper ist. Ihre großen, überdachten Reisignester sind in den Bäumen und hoch in den Sträuchern kaum zu übersehen, werden jedoch häufig für Nester von Grau- oder Rothörnchen gehalten. Elstern nisten meist abgeschieden von ihren Artgenossen. Zuweilen bilden sie jedoch auch kleine Brutkolonien. Bei der Nahrungssuche und nach der Brutzeit treten sie häufig in Verbänden auf.

## 2 Kolkrabe Common Raven *Corvus corax (Corvidae)*

L 53 cm

**Merkmale** Ein sehr großer, schwarzer Vogel mit kräftigem Schnabel; Schwanz keilförmig; Gefieder der Kehle zottelig.

**Vorkommen** In ganz Alaska und Westkanada. In Nadelwäldern, an der Küste, auf der Tundra.

**Wissenswertes** Raben nisten in Bäumen oder auf Felssimsen. Sie kreisen häufig ähnlich wie Greifvögel am Himmel. Raben sind äußerst intelligent und zeigen logische Schlußfolgerungen auch in Situationen, die ihnen zuvor gänzlich unbekannt waren. Wie die anderen Vertreter der Rabenfamilie besitzen sie ein weitgefächertes Nahrungsspektrum. Im Vergleich zu ihren kleineren Verwandten wird ihr Speiseplan jedoch in stärkerem Maße von selbsterlegten Tieren bestimmt. Raben gehören zu den wenigen ganzjährigen Bewohnern der Arktis.

## 3 Amerikanische Aaskrähe American Crow *Corvus brachyrhynchos (Corvidae)*

L 43 cm

**Merkmale** Ein robuster, großer Vogel; Gefieder schwarz; Schwanz fächerförmig; Schnabel schwarz und kräftig.

**Vorkommen** In ganz British Columbia außer im Nordwesten und in Alberta, fehlt entlang der Küste. In Laubwäldern und offenen Nadelwäldern, in Obsthainen und Parkanlagen.

**Wissenswertes** Aaskrähen fressen, was immer in die Nähe des Schnabels gerät. Zu ihrer abwechslungsreichen Diät gehören Samen, Abfall, Insekten und Mäuse. Zudem sind sie gefürchtete Nesträuber. An der Küste wird die Aaskrähe von der **Sundkrähe** *(Corvus caurinus)*, deren Verbreitungsgebiet sich vom südlichen Vancouver Island bis zur Alaska Peninsula erstreckt, ersetzt. Letztere ist etwas kleiner als die Amerikanische Aaskrähe und ihr Ruf ist rauher.

## 4 Gemeiner Seidenschwanz Bohemian Waxwing *Bombycilla garrulus (Bombycillidae)*

L 16 cm

**Merkmale** Gefieder graubraun; Scheitel mit Federhaube; schwarzer Kehlfleck; schwarzes Augenband; Schwanzspitzen gelb; Unterschwanzdecken kastanienbraun; rote, wachsartige Punkte auf den Handschwingen; weißer Flügelfleck.

**Vorkommen** Alaska mit Ausnahme des Südwestens und Nordens, Yukon Territory, Northwest Territories, British Columbia, Alberta, fehlt in der Arktis. In offenen Nadelwäldern.

**Wissenswertes** Seidenschwänze ernähren sich von Früchten und Insekten. In harten Wintern versammeln sich die Vögel zu großen Schwärmen. Seidenschwänze sind zahme Vögel, denen man sich bis auf wenige Schritte nähern kann. Im südlichen Kanada und in den Rockies ist neben dem Gemeinen Seidenschwanz auch der **Zedernseidenschwanz** *(Bombycilla cedrorum)* verbreitet. Von ersterem unterscheidet er sich durch ein bräunlicheres Gefieder und die weißen Unterschwanzdecken.

1

2

3

4

## 1 **Wanderdrossel** American Robin *Turdus migratorius (Muscicapidae)*

L 22 cm

**Merkmale** Amselgroß; Oberseite dunkelgrau; Unterseite rotbraun; Kopf und Schwanz der Männchen schwarz.

**Vorkommen** In ganz Nordamerika mit Ausnahme der Hocharktis. In städtischen Parkanlagen, Gärten, landwirtschaftlichen Anbaugebieten und offenen Wäldern, auch oberhalb der Baumgrenze und auf der Tundra.

**Wissenswertes** Der Speiseplan der Wanderdrossel wird von Regenwürmern beherrscht. Bei der Nahrungssuche hüpfen sie durchs Gras, verharren immer wieder kurz regungslos im Gras und scheinen mit zur Seite geneigtem Kopf zu lauschen. Sie spüren ihre Beute ausschließlich mit den Augen auf. Die Vögel bauen Schlammnester, die durch Grashalme und Zweige verstärkt sind.

## 2 **Schwarzkopfmeise** Black-capped Chickadee *Parus atricapillus (Paridae)*

L 11 cm

**Merkmale** Meise mit schwarzer Haube und Kehle; Wangen weiß; Rücken grau; Unterseite weiß; Flanken gelblich.

**Vorkommen** Von Alaska mit Ausnahme des Westens und Nordens über das südliche Yukon Territory und die südlichen Northwest Territories bis British Columbia und Alberta. In Laub- und Mischwäldern, offenen Waldgebieten, im Winter in Gärten.

**Wissenswertes** Schwarzkopfmeisen sind ständig aktiv. Sie hüpfen von Ast zu Ast oder hängen kopfüber an Zweigen. Die Vögel verwenden Bruthöhlen, die in der Regel im Eigenbau angefertigt werden. Sie legen sie in weichen, vermodernden Baumstümpfen an. Nach abgeschlossener Zimmererarbeit polstern sie die zukünftigen Kinderstuben mit Gräsern, Haaren, Federn und Moos aus. Nistkästen akzeptieren sie meist nur, wenn diese mit Sägespänen gefüllt sind, die sie dann in zeitraubender Kleinarbeit wieder entfernen. Schwarzkopfmeisen gehören im Winter zu den Stammkunden an Vogelhäuschen.

## 3 **Grauwasseramsel** American Dipper *Cinclus mexicanus (Cinclidae)*

L 15 cm

**Merkmale** Habitus ähnlich dem mitteleuropäischen Zaunkönig; Gefieder schiefergrau; Schwanz sehr kurz; Augenlider weiß.

**Vorkommen** Von Alaska südlich der Brooks Range in einem breiten Band durch ganz Westkanada bis zu den Vorbergen der Rocky Mountains in Alberta. Entlang von klaren Gebirgswildwassern.

**Wissenswertes** Wasseramseln ernähren sich von aquatischen Insekten. Die Vögel besitzen ein dichtes, wasserabweisendes Gefieder. An seichten Stellen scheinen die Vögel auf der Oberfläche Wasserski zu fahren. An tieferen Abschnitten tauchen sie und rennen mit halbgeöffneten Flügeln über das Bachbett. Die Nester der Wasseramseln befinden sich in Ufernähe unter Wurzeln oder in Felsspalten. Wasseramseln sind meist Standvögel. Lediglich dort, wo die reißenden Gebirgsbäche völlig zufrieren, sind sie gezwungen, nach Süden auszuweichen.

## 4 **Kanadakleiber** Red-breasted Nuthatch *Sitta canadensis (Sittidae)*

L 10 cm

**Merkmale** Kleiner als ein Haussperling; Oberseite blaugrau; Unterseite kastanienbraun; Stirn, Scheitel und Hinterkopf schwarz; weißer Streifen über dem Auge; schwarzer Streifen über das Auge zum Nacken ziehend; Schwanz kurz; Weibchen mit grauer Stirn und Scheitel.

**Vorkommen** In Südost-Alaska, im südlichen Yukon Territory, in den südlichen Northwest Territories, in British Columbia und in Alberta. In Nadelwäldern.

**Wissenswertes** Kleiber sind Stammläufer. Im Gegensatz zu Spechten besitzen sie keinen Stützschwanz und sind zudem in der Lage, die Stämme der Bäume mit dem Kopf nach unten hinabzulaufen. Ihr englischer Name „Nuthatch“ bezieht sich auf die Eigenart der Tiere, Nüsse in den Furchen der Baumrinde einzuklemmen, um dann darauf einzuhacken, bis die Schale aufbricht. Neben Nüssen und Samen gehören auch Insekten einschließlich Eiern und Larven zum Nahrungsspektrum der Kleiber.

1

2

3

4

## 1 **Steinschmätzer** Northern Wheatear *Oenanthe oenanthe (Muscicapidae)*

L 13 cm

**Merkmale** Sperlingsgroß; Oberseite hellgrau; Unterseite weiß bis hell-beige; schwarzer Augenstreifen; Bürzel und Schwanzwurzel weiß; Schwanzspitze und Schwanzmittelfedern schwarz; Flügel lang und schwarz.

**Vorkommen** Ein Sommergast auf der offenen Tundra in Alaska und im Yukon Territory.

**Wissenswertes** Steinschmätzer nisten auf der Trockentundra in Felsspalten oder verstecken sich zwischen Steinen. In Nordamerika brüten Steinschmätzer aus zwei voneinander isolierten Subpopulationen. Die Individuen, die ihren Sommer in Alaska und dem Yukon Territory verbringen, überwintern in Südostasien. In den östlichen Northwest Territories, im nördlichen Quebec und in Neufundland brüten hingegen Steinschmätzer, die im Herbst in Richtung Mittlerer Osten ziehen. Steinschmätzer ernähren sich vor allem von Insekten, Spinnen und anderen Gliederfüßern.

## 2 **Berghüttensänger** Mountain Bluebird *Sialia currucoides (Muscicapidae)*

L 15 cm

**Merkmale** Männchen: Oberseite himmelblau, Unterseite hellblau, Steiß weiß; Weibchen gräulicher.

**Vorkommen** In Gebirgsregionen in Ostalaska, im Yukon Territory, in den Northwest Territories, in British Columbia und in Alberta. Auf Bergwiesen mit vereinzelten Bäumen und Sträuchern.

**Wissenswertes** Man kann Berghüttensänger häufig auf Bergwiesen niedrig über dem Boden rütteln sehen, auf der Suche nach einer Insektenmahlzeit. Zum Teil jagen sie auch von einem exponierten Ansitz aus. Ihr Grasnest legen sie in Felsnischen und Baumhöhlen an. Im Südwesten British Columbias überschneidet sich das Verbreitungsgebiet des Berghüttensängers mit dem des **Blaukehl-Hüttensängers** *(Sialia mexicana)*. Letzterer unterscheidet sich vom Berghüttensänger durch eine rostrote Brust und einen rotbraunen Schulterstreifen.

## 3 **Orangefleck-Waldsänger** Orange-crowned Warbler *Vermivora celata (Emberizidae)*

L 11 cm

**Merkmale** Oberseite olivgrün mit orangefarbenem Scheitelstreifen; Unterseite olivgelb mit schwachen Längsbinden auf der Brust; kein heller Augenring.

**Vorkommen** In ganz Westkanada und Alaska mit Ausnahme der Arktis. Entlang von Waldrändern, auf Lichtungen und auf der buschbestandenen Feuchttundra.

**Wissenswertes** Der Orangefleck-Waldsänger ist einer der häufigsten Waldsänger. Die meisten Vertreter dieser Gruppe sind leuchtend gefärbt. Das Fehlen besonderer Merkmale hilft bei dieser Art bei der Identifizierung. Den orangefarbenen Scheitelstreifen präsentieren die Vögel nur bei der Balz oder wenn Gefahr droht. Trotz ihres vielverheißenden Namens besitzen die Tiere keine besonderen Qualitäten als Sänger. Ihr Lied ist ein einfaches Trällern ohne Melodie. Die Vögel nisten am Boden oder in niedrigen Sträuchern.

## 4 **Kieferntangare** Western Tanager *Piranga ludoviciana (Emberizidae)*

L 16 cm

**Merkmale** Männchen: Kopf rot, Körper leuchtend gelb mit schwarzen Flügeln, Rücken und Schwanz; mit zwei Flügelbändern, oberes gelb, unteres weiß; Weibchen: Oberseite gelbgrün, Unterseite gelb.

**Vorkommen** In Südalaska und im westlichen Kanada. In offenen Nadelwäldern.

**Wissenswertes** Kieferntangaren ernähren sich im Frühjahr und Sommer hauptsächlich von Insekten, die sie nach Fliegenschnäppermanier im Flug erlegen. Später im Jahr schwenken sie verstärkt auf vegetarische Kost um, vor allem auf Beeren. Ihre Nester sind zarte, zerbrechliche Gebilde, zusammengewoben aus feinen Wurzelsträngen, Rindenstreifen und Pflanzenstengeln. Die flachen Schalen sitzen in den Gabelungen horizontaler Äste und beherbergen zwischen drei und fünf Eier.

1

2

3

4

## 1 Rotschulterstärling Red-winged Blackbird *Agelaius phoeniceus (Emberizidae)*

L 18 cm

**Merkmale** Etwas kleiner als die mitteleuropäische Amsel; Männchen schwarz, metallisch glänzend mit leuchtend roten Flügelflecken; Weibchen braun gemustert; Schulterfleck undeutlich.

**Vorkommen** In Südalaska und Westkanada, im Norden bis zum Yukon River und den südlichen Northwest Territories. In Sümpfen, in Mooren, an mit Schilf umgürteten Seen und auf Feuchtwiesen.

**Wissenswertes** Die weit verbreiteten Rotschulterstärlinge gehören zu den auffälligsten und schönsten Bewohnern von Feuchtgebieten und angrenzenden Agrargebieten. Sie fallen zum Teil in großen Schwärmen in Weizenfelder ein und werden daher häufig als Schädlinge betrachtet. Da sie aber zur Aufzucht der Jungen große Mengen Insekten vertilgen, sind sie der Landwirtschaft eher förderlich als abträglich. Ihre Nester befinden sich versteckt im Schilf.

## 2 Nordamerikanischer Kuhstärling Brown-headed Cowbird *Molothrus ater (Emberizidae)*

L 17 cm

**Merkmale** Männchen schwarz mit schillerndem, braunem Kopf; Weibchen graubraun; Schnabel kurz und kräftig.

**Vorkommen** In Alberta und im südlichen und östlichen British Columbia. In landwirtschaftlichen Anbaugebieten, an Waldrändern, in Vorgärten.

**Wissenswertes** Kuhstärlinge bilden häufig mit Rotschulterstärlingen gemischte Schwärme. Den Vögeln ist Partnertreue unbekannt. Paarbindungen existieren nicht. Im Frühjahr zieht ein Weibchen mit mehreren Freiern in die Wälder. Während die Männchen in den Baumwipfeln ihren Paarungsruf zum Besten geben, sucht das Weibchen nach Nestern von Singvögeln. Findet sie ein passendes, entfernt sie eines der Eier und ersetzt es durch ein eigenes. Da der Nachwuchs der Wirtsvögel deutlich kleiner ist als der heranwachsende Kuhstärling, verhungern erstere meist.

## 3 Singammer Song Sparrow *Melospiza melodia (Emberizidae)*

L 14 cm

**Merkmale** Ober- und Unterseite mit braunen Längsbinden auf weißem Grund; deutlicher, dunkler Brustfleck.

**Vorkommen** In ganz Westkanada und bis zu den Aleuten Westalaskas, im Norden bis zu den Mackenzie Mountains. An Waldrändern, auf Lichtungen, in Dickichten und auf Feuchtgebieten mit angrenzenden Wiesenlandschaften.

**Wissenswertes** Die Singammer gehört zu den am weitesten verbreiteten Vögeln Nordamerikas. Insgesamt gibt es 34 anerkannte Unterarten, die zum Teil erhebliche Unterschiede in Größe und Gefieder aufweisen. Die Unterart auf den Aleuten Westalaskas ist zum Beispiel deutlich größer und besitzt ein dunkleres Gefieder als Individuen in Südalaska oder Westkanada. Die Vögel bauen aus Grashalmen Napfnester. Zum Teil werden diese in Sträuchern errichtet oder am Boden in dichten Grasbüscheln versteckt.

## 4 Schneeammer Snow Bunting *Plectrophenax nivalis (Emberizidae)*

L 15 cm

**Merkmale** Sperlingsgroß; zur Brutzeit überwiegend weiß mit schwarzem Rücken; im Winter braune Kappe, brauner Wangenfleck und brauner Brustgürtel, Rücken braun gemustert.

**Vorkommen** Im Sommer in Westalaska und in der Arktis Alaskas und Kanadas, im Winter in Südkanada. Im Sommer auf arktischer Tundra, im Winter an Küste und im offenen Grasland.

**Wissenswertes** Schneeammern sind über die gesamte nördliche Hemisphäre verbreitet. Sie brüten weiter nördlich als fast alle anderen Landvögel. In harten Wintern ziehen sie in großen Schwärmen bis nach Oregon oder Colorado, wo sie die augenscheinlich ungastlichsten und windigsten Gebiete bevorzugen. Schneeammern sind Bodenbrüter. Ihre gut getarnten Nester sind zwischen den Steinen und den niedrigen Polsterpflanzen der Tundra kaum auszumachen.

1

2

3

4

## 1 **Dachsammerfink** White-crowned Sparrow *Zonotrichia leucophrys (Emberizidae)*

L 15 cm

**Merkmale** Oberseite braun gemustert; Hals und Unterseite grau; schwarzweiß gestreifte Kopfkappe; Schnabel orangefarben.

**Vorkommen** In Alaska und Westkanada, fehlt an der Küste British Columbias. Entlang von Waldrändern, in Gebüschzonen nahe offenem Grasland, im Winter auch in Vorgärten.

**Wissenswertes** Dachsammerfinken sind über den gesamten amerikanischen Kontinent verbreitet. Einzelne geographische Rassen unterscheiden sich voneinander durch die Musterung der Kopfkappe und den Gesang. In der Arktis beleuchtet im Sommer die Mitternachtssonne auch nachts das Land und die Dachsammerfinken geben in diesen Monaten den gesamten Tag über ihr Lied zum besten. Die Vögel brüten am Boden oder erbauen ihr Nest in niedrigen Büschen.

## 2 **Hakengimpel** Pine Grosbeak *Pinicola enucleator (Fringillidae)*

L 20 cm

**Merkmale** Ein großer und kompakter Fink; kurzer, dicker, stark gebogener Schnabel; Männchen blaßrot mit dunklen Streifen auf Rücken; Bauch und Schwanz grau; Flügel dunkel mit zwei weißen Querbinden; Weibchen grau mit gelblichem Kopf und Bürzel.

**Vorkommen** In Alaska, dem Yukon Territory und den Northwest Territories sowie in British Columbia und Alberta, fehlt nördlich der Baumgrenze. In Nadelwäldern.

**Wissenswertes** Die recht zahmen Hakengimpel sind in den nördlichen Wäldern weit verbreitet. Ihre großen Nester aus Gras, Moos und feinen Wurzelsträngen legen sie in der Regel nur wenige Meter über dem Boden in Nadelbäumen an. Im Winter vereinen sich die Hakengimpel in Schwärmen und landen gemeinsam in Bäumen, um sich über Früchte und Knospen herzumachen. Bei Nahrungsknappheit ziehen sie mitunter in küstennahe Wälder. Die Tiere zeigen eine Vorliebe für die Beeren der Ebereschen.

## 3 **Fichtenkreuzschnabel** Red Crossbill *Loxia curvirostra (Fringillidae)*

L 14 cm

**Merkmale** Sperlingsgroß; Schnabelspitzen gekreuzt; Männchen **(3b)** rotbraun; Weibchen **(3a)** olivfarben mit gelbem Bürzel.

**Vorkommen** Von Südalaska über das südliche Yukon Territory und die südlichen Northwest Territories bis nach British Columbia und Alberta. In Nadelwäldern.

**Wissenswertes** Der ungewöhnliche Schnabel der Fichtenkreuzschnäbel ist hervorragend dazu geeignet, Samen aus Nadelholzzapfen zu klauben. Die Vögel halten hierzu die Zapfen mit einem Fuß fest, führen den Schnabel zwischen die Schuppen ein, biegen diese auf, indem sie den Schnabel öffnen, und sichern sich den Samen mit der beweglichen Zunge. Aufgrund ihrer Spezialisierung auf Nadelholzzapfen sind die Vögel Nomaden. Bei schlechter Nahrungslage sind sie gezwungen weiterzuziehen. Stehen Samen ausreichend zur Verfügung, brüten sie zu jeder Jahreszeit.

## 4 **Birkenzeisig** Common Redpoll *Carduelis flammea (Fringillidae)*

L 13 cm

**Merkmale** Kleiner als der Sperling; Gefieder blaß braungestreift; rote Scheitelkappe; Kinn schwarz; Männchen mit rosa Brust.

**Vorkommen** In ganz Alaska und Westkanada. Auf der Feuchttundra in Dickichten, in Mischwäldern und im Grasland, im Winter auch in Vorgärten und Parkanlagen.

**Wissenswertes** Birkenzeisige sind äußerst lebhafte und soziale Vögel. Sie treten stets in großen Schwärmen auf. Wie Meisen können die Vögel kopfüber von Zweigen hängen, um so an Weidenkätzchen als begehrte Nahrung zu gelangen. Im Winter, wenn die Nächte in der Arktis und Subarktis äußerst lang sind, schlafen Birkenzeisige in kleinen Höhlen im Schnee, um sich vor der Kälte zu schützen. Sie besitzen eine vergrößerte Speiseröhre, die es ihnen erlaubt, mehr Nahrung auf einmal zu sich zu nehmen und diese dann im Laufe der Nacht zu verdauen.

1

2

3a

3b

4

## 1 Gewöhnliche Strumpfbandnatter Common Garter Snake *Thamnophis sirtalis (Colubridae)*

L 46–131 cm

**Merkmale** Dunkle Grundfärbung; heller Längsstreifen seitlich und auf dem Rücken; Schuppen gekielt.

**Vorkommen** Im südlichen British Columbia, in Alberta nördlich bis Edmonton. Nahe dem Wasser, auf Wiesen, in Wäldern, in Feuchtgebieten, auf Feldern.

**Wissenswertes** Strumpfbandnattern sind lebendgebärend und bringen bis zu 85 Jungen zur Welt. Die Gewöhnliche Strumpfbandnatter ist in Nordamerika weit verbreitet. Zahlreiche Unterarten existieren, alleine fünf im Westen des amerikanischen Kontinents. Den Winter verbringen sie mit Artgenossen in Erdhöhlen oder Felsnischen. Diese winterlichen Schlangenansammlungen bestehen in der Regel aus wenigen Individuen. Es kommt jedoch auch vor, daß über 1.000 Strumpfbandnattern dasselbe Quartier teilen.

## 2 Nördliche Prärie-Klapperschlange
Northern Pacific Rattlesnake *Crotalus viridis oreganus (Viperidae)*

L 41–163 cm

**Merkmale** Aneinandergereihte, große, braune, weiß umrandete Flecken auf Rücken, nahe dem Kopf sind sie rund oder hexagonal, in Richtung Schwanz schmaler werdend; Hautrassel an der Schwanzspitze.

**Vorkommen** In Südzentral-British Columbia und in Südalberta östlich der Rocky Mountains. In Graslandschaften und Trockenwäldern.

**Wissenswertes** Bei Klapperschlangen bleibt bei jeder Häutung ein verhornter Hautring an der Schwanzspitze stehen. Diese Ringe bilden die „Klapper". Damit erzeugen die Schlangen durch Schütteln einen klappernden Ton. Er dient der Warnung. Prärie-Klapperschlangen sind äußerst giftig; Schlangenbisse sind jedoch sehr selten, da die Tiere den Rückzug einem Angriff vorziehen. Durch ungerechtfertigte Verfolgung und Zerstörung ihrer Lebensräume gehört sie inzwischen zu den bedrohten Tierarten in British Columbia. Die Paarungszeit der Tiere liegt im Spätsommer. Die Befruchtung der Keimzellen erfolgt allerdings erst im darauffolgenden Frühjahr. Die Embryonen in den Eiern entwickeln sich also im Sommer, wenn die Temperaturen hoch sind. Im Herbst kommen in der Regel fünf Jungen zur Welt. Nach der Geburt zieht sich das Muttertier zum Winterschlaf zurück. Von der Paarung bis zu dem Frühjahr nach der Geburt – d. h. über einen Zeitraum von eineinhalb Jahren – nehmen die Weibchen keine Nahrung zu sich.

## 3 Westlicher Skink Western Skink *Eumeces skiltonianus (Scincidae)*

L 17–24 cm

**Merkmale** Vier helle Streifen auf der Oberseite, zwischen den Streifen braun; Schwanz grau oder braun, bei Jungtieren blau; Beine schwach ausgebildet; während der Paarungszeit Männchen mit orangefarbenen Wangen und Schwanzspitze.

**Vorkommen** In Südzentral-British Columbia. In Wäldern und – insbesondere in felsigen Gebieten – auf grasbestandenen Lichtungen, unter Laub, Holz und Steinen.

**Wissenswertes** Diese Skinkart ernährt sich von verschiedenen Insekten und deren Larven sowie von Spinnen und Würmern.

## 4 Nördliche Alligatorschleiche Northern Alligator Lizard *Gerrhonotus coeruleus (Anguinidae)*

L 22–33 cm

**Merkmale** Augen schwarz; Beine kurz; Rücken hellbraun mit dunkelbraunen Flecken, zu undeutlichen Querbändern angeordnet; Unterseite weiß; Bauchschuppen dunkelgerändert.

**Vorkommen** Im südlichen British Columbia. Unter Holz, Rinde und Steinen in kühlen Wäldern, auch in Gebirgslagen.

**Wissenswertes** Nördliche Alligatorschleichen ziehen kühle Temperaturen vor. Aus diesem Grund trifft man sie auch hoch im Gebirge an, solange niederliegendes Holz und Geröllfelder Verstecke bieten. Sie ernähren sich von Insekten und Spinnen. Wie viele Reptilien in nördlichen Gefilden legen die Weibchen keine Eier, sondern bringen lebende Junge zur Welt.

1

2

3

4

## 1 Langzehen-Querzahnmolch

Long-toed Salamander *Ambystoma macrodactylum (Ambystomatidae)*

L 10–17 cm

**Merkmale** Ein schlanker Salamander; Oberseite dunkelbraun bis schwarz; gelblicher oder olivgrüner Längsstreifen auf dem Rücken; Bauch dunkelgrau oder braun; seitlich 12–13 Rippenfurchen; Kopf breit; Schwanz seitlich abgeflacht; Zehen lang.

**Vorkommen** In Südost-Alaska, in British Columbia mit Ausnahme des Nordostens und in Alberta in den Rocky Mountains. Trockenes Grasland bis feuchte Nadelwälder in Höhen bis über 2.000 m.

**Wissenswertes** Die Tiere entdeckt man in der Regel nahe von Tümpeln unter Holz oder Geröll. Die Paarung findet im Frühjahr in Teichen statt. Die Eier werden entweder einzeln an Schilfhalmen nahe der Wasseroberfläche abgelegt oder in kleinen Klumpen an der tiefsten Stelle des Teiches an Holz und anderer Vegetation befestigt.

## 2 Nordkröte Western Toad *Bufo boreas (Bufonidae)*

L 6–13 cm

**Merkmale** Eine große Kröte mit ovalen Drüsen über den Ohren; Haut braun, grau oder grün mit hellem Streifen auf dem Rücken; Männchen mit heller Kehle; Warzen leicht rötlich, umgeben von schwarzen Flecken. Unterseite weiß; nördliche Unterart *B. b. boreas* mit dunklen Flecken auf der Unterseite.

**Vorkommen** Von der Küste Südalaskas über British Columbia mit Ausnahme des Nordostens bis ins westliche Alberta, im Norden bis Edmonton. Nahe von Wasserläufen, auf Wiesen und in Wäldern.

**Wissenswertes** Nordkröten sind dämmerungsaktiv. Sie leben in Mäuselöchern oder kleinen Erdhöhlen, die sie selber ausheben. Nordkröten laichen in Teichen und befestigen die Eischnüre dabei an Pflanzen im ruhigen Flachwasserbereichen. Obwohl die Tiere die meiste Zeit an Land verbringen, wurde schon beobachtet, wie einzelne Individuen versuchten, Fjorde im Glacier Bay National Park zu überqueren.

## 3 Waldfrosch Wood Frog *Rana sylvatica (Ranidae)*

L 3–8 cm

**Merkmale** Ein kleiner Frosch; Oberseite meist grau oder hellbraun mit dunklen Flecken; häufig heller Streifen auf dem Rücken; dunkle Augenmaske; Unterseite cremefarben.

**Vorkommen** In fast ganz Westkanada und in weiten Teilen Alaskas, fehlt in der Arktis, in Westalaska und im Südwesten British Columbias. Auf der Tundra, in Feuchtgebieten, in Grasland und in Wäldern.

**Wissenswertes** Der Waldfrosch ist die einzige Amphibienart, die mit den kalten Temperaturen in Zentral- und Nordalaska und im Yukon Territory zurechtkommt. Er überwintert in kleinen Vertiefungen. Trotz einer isolierenden Schneeschicht und mehreren Lagen aus Laub und Gras sinkt die Körpertemperatur der Frösche unter den Gefrierpunkt und ihre Körperflüssigkeit gefriert. Um zu verhindern, daß die Zellen platzen, lagern sie Wasser aus diesen aus und ersetzen es durch körpereigene Frostschutzmittel wie z. B. Glucose und spezielle Eiweiße.

## 4 Gefleckter Frosch Spotted Frog *Rana pretiosa (Ranidae)*

L 5–10 cm

**Merkmale** Ein großer Frosch; Oberseite braun mit undeutlichen, schwarzen Flecken; Unterseite der Beine und Bauch gelb, orangefarben oder rot; Kehle mit dunklen Flecken; Zehen durch Schwimmhäute verbunden.

**Vorkommen** Im südlichen Südost - Alaska, in British Columbia entlang der Küste, im Nordwesten und im Osten und in Alberta in den Rocky Mountains. In Gebirgsregionen nahe von kalten Wasserläufen und Teichen.

**Wissenswertes** Diesen großen Frosch findet man meist in den grasbestandenen Uferregionen von Seen, Flüssen und Bächen, wo er Insekten und andere Wirbellose jagt. Er ist tagaktiv. Der Paarungsruf des Gefleckten Frosches besteht aus einem tiefen, baßähnlichen Brummen.

1

2

3

4

## 1 Bananen-Nacktschnecke Banana Slug *Ariolimax columbianus (Limacidae)*

L 20–25 cm

**Merkmale** Eine große Nacktschnecke; Färbung von weiß bis schwarz, häufig gelblich oder beige mit schwarzen Flecken; Pore am Körperende.

**Vorkommen** In Südost-Alaska und im westlichen British Columbia. Im Küstenregenwald und angrenzenden, feuchten Waldgebieten.

**Wissenswertes** Die Bananen-Nacktschnecke wird bis zu 100 g schwer. Dieses Riesen-Weichtier ist nach einer Art in den Wäldern Brasiliens die zweitgrößte Nacktschnecke der Welt. Die Pore am Körperende ist in der Regel von einem Schleimpfropfen bedeckt. Anscheinend soll er Spitzmäuse und räuberische Käfer davon abhalten, die Tiere von hinten anzugreifen. Artgenossen scheint der Schleimpfropfen dagegen nicht abzuweisen. Hungrige Individuen verspeisen mitunter ihren eigenen Pfropfen. Bei der Paarung scheint es zwischen möglichen Partnern zum Vorspiel zu gehören, am Pfropfen des anderen zu knabbern.

## 2 Rocky-Mountains-Zecke Rocky Mountain Wood Tick *Dermacentor andersoni (Ixodidae)*

L 3–4 mm

**Merkmale** Weibchen: Körper rotbraun; kleiner grauer Schild mit schwarzen Flecken am Kopf; Beine rotbraun bis braun; Kopf häufig orange; Männchen grau mit rotbraunen Flecken.

**Vorkommen** In ganz Westkanada. In Wäldern und Sträuchern entlang Pfaden.

**Wissenswertes** Der Glaube, daß sich Zecken von Bäumen auf ihre Opfer fallen lassen, ist weitverbreitet, entspricht aber nicht der Wirklichkeit. Die Tiere werden vielmehr von Zweigen und Gräsern abgestreift. Nach jeder Wanderung, insbesondere im Frühjahr im südlichen British Columbia, sollte man seinen Körper auf Zecken absuchen. Die Tiere sollten sofort entfernt werden, um die Zeckenlähme zu vermeiden. Dieses Syndrom kann bei Stichen am Hinterkopf oder in Wirbelsäulennähe auftreten und tödliche Folgen haben. Verursacht wird die Zeckenlähme durch ein Neurotoxin im Speichel der Zecke.

## 3 Schneebaumgrille Snowy Tree Cricket *Oecanthus fultoni (Gryllidae)*

L 1,3–1,5 cm

**Merkmale** Blaßgrün; Flügel transparent; Männchen: Vorderflügel paddelförmig; Weibchen: Vorderflügel schmal und um den Körper gebogen.

**Vorkommen** In ganz Nordamerika. In Laubwäldern.

**Wissenswertes** Die adulten Tiere ernähren sich von Blattläusen und Raupen, ihre Larven von Blumen, Blättern und Früchten. Diese Art wird manchmal auch Thermometergrille genannt, da die Frequenz des Zirpens von der Umgebungstemperatur abhängt. Der augenblickliche Celsiuswert läßt sich relativ exakt errechnen, wenn man die Anzahl der Zirplaute zählt, die die Grille in sieben Sekunden von sich gibt, und dann fünf addiert.

## 4 Pazifische Feuchtwaldtermite
Pacific Damp-Wood Termite *Zootermopsis angusticollis (Hodotermitidae)*

L 1,9–2,5 cm

**Merkmale** Mit auffälligen, großen Hinterleibsanhängen (Cerci); Körper grau oder weiß; Soldaten mit bräunlichem Kopf und dunklen Kiefern; Antennen mit mindestens 23 Segmenten.

**Vorkommen** Entlang der Pazifikküste British Columbias. In Wäldern.

**Wissenswertes** An der Pazifikküste ist der Spätsommer Termitenzeit. An warmen Abenden ist die Luft erfüllt mit flatternden Tieren auf dem Hochzeitsflug. Neben einem Partner sind sie auch auf der Suche nach einem neuen Zuhause in einem vermodernden Baumstumpf oder in niederliegenden Urwaldriesen. Die meisten Termiten überleben ihren ersten und einzigen Flugversuch nicht, sondern werden von Vögeln oder bereits vorher von Spitzmäusen verspeist. Die überlebenden Weibchen verlieren nach der Landung ihre Flügel, geben einen Sexuallockstoff ab und warten auf die Männchen.

1
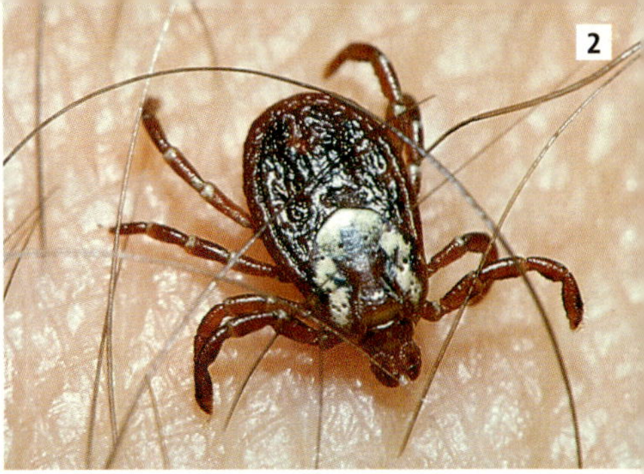
2

3

4

## 1 **Gemeiner Wasserläufer** Common Water Strider *Gerris remigis (Gerridae)*

L 1,2–1,6 cm

**Merkmale** Körper abgeflacht und länglich, dunkelbraun bis schwarz; Vorderbeine kurz; Mittel- und Hinterbeine sehr lang, dünn.

**Vorkommen** In ganz Nordamerika. Auf der Oberfläche von Teichen und langsam fließenden Gewässern.

**Wissenswertes** Wasserläufer ernähren sich von Insekten einschließlich Mückenlarven, die an die Oberfläche kommen, und von Landinsekten, die aufs Wasser fallen. Die Tiere machen sich die Oberflächenspannung des Wasser zunutze und laufen flink über die Oberfläche. Die Tiere kommunizieren während der Balz. Die Weibchen legen ihre zylindrischen Eier an Objekte nahe dem Gewässerrand. Adulte Tiere leben viele Monate. Sie überwintern an Land unter Blättern in Wassernähe.

## 2 **Gemeiner Rückenschwimmer** Common Backswimmer *Notonecta undulata (Notonectidae)*

L 1–1,3 cm

**Merkmale** Unterseite schwarz; Oberseite weiß bis dunkelgrün; Beine braun; Hinterbeine sehr lang, abgeflacht und fransig behaart; große Facettenaugen; Vorderflügel mit roter Zeichnung und dunklen, überlappenden Spitzen.

**Vorkommen** In ganz Nordamerika. In Teichen und langsam fließenden Gewässern.

**Wissenswertes** Rückenschwimmer nehmen ihre Atemluft in zwei behaarten Hinterleibsrinnen mit sich in die Tiefe. Sie können mit dieser Luftreserve bis zu sechs Stunden unter Wasser bleiben. Da die Rinnen auf der Bauchseite liegen, sind sie nur in der Lage, auf dem Rücken zu schwimmen. Der Antrieb wird von den Hinterbeinen geliefert. Die Tiere sind Räuber, die ihre Beute von unten packen. Sie ernähren sich von Insekten und anderen kleinen Wasserbewohnern. Gelegentlich greifen die Rückenschwimmer sogar die Hand eines Menschen an.

## 3 **Große Wasserwanze** Giant Water Bug *Lethocerus americanus (Belostomatidae)*

L 4,5–6 cm

**Merkmale** Körper groß und abgeflacht, bis 25 mm breit, braun; Flügelspannweite bis 11 cm; Vorderflügel unterteilt in ledrigen Deckteil und dünnhäutigen Membranteil; Mundwerkzeuge zu einem Stechrüssel umgeformt; lange Fangbeine; Hinterbeine abgeflacht und fransig.

**Vorkommen** In ganz Nordamerika. In flachen Süßwasserseen.

**Wissenswertes** Die Große Wasserwanze ist das größte aquatische Insekt im Nordwesten des amerikanischen Kontinents. Sie ernähren sich von Insekten, Kaulquappen, kleinen Fischen und Salamandern. Im Frühjahr bringen die Weibchen oberhalb des Wasserspiegels bis zu 100 Eier an Pflanzen an. Innerhalb von zwei Wochen schlüpfen die Larven. Aufgrund von Kannibalismus und fremden Räubern überleben nur wenige bis zum Adultstadium. An warmen Spätsommerabenden verlassen die Wasserwanzen ihr feuchtes Milieu und begeben sich fliegend auf die Suche nach neuen Teichen.

## 4 **Schnee-Skorpionsfliege** oder **Gletschergast** Snow Scorpionfly *Boreus spp. (Boreidae)*

L 3 mm

**Merkmale** Körper spindelförmig, schwarz oder braun; Antennen halb so lang wie der Körper; Flügel stark rückgebildet; Bein lang und dünn; Weibchen mit langem Legestachel.

**Vorkommen** In ganz Alaska und Westkanada. Auf Moosteppichen.

**Wissenswertes** Schnee-Skorpionsfliegen ähneln in ihrem Aussehen winzigen Grashüpfern mit einem langen Rüssel. Die Tiere ernähren sich von kleinen Insekten und anderen Tieren, die sie im Moosteppich aufspüren. An warmen Wintertagen kann man häufig eine große Anzahl adulter Tiere über den Schnee hüpfen sehen. Ihre Eier legen sie im Moos ab. Die Larven verpuppen sich meist im Erdreich. Der schneeliebende Gletschergast ist der einzige Vertreter der Skorpionsfliegen in Westkanada und Alaska. Mitglieder dieser Insektengruppe sind ansonsten zumeist Bewohner der Tropen.

1

2

3a

4

3b

## 1 Riesenzimmermanns-Ameise Giant Carpenter Ant *Camponotus laevigatus (Formicidae)*

L 7–15 mm

**Merkmale** Eine schwarze bis rotbraune Ameise; große Facettenaugen; Antennen geknickt.

**Vorkommen** In den Cascade Mountains und den Rocky Mountains in British Columbia und Alberta. In Nadelwäldern.

**Wissenswertes** Auch wenn Zimmermanns-Ameisen im Unterschied zu Termiten nicht in der Lage sind, Holz zu fressen, so können sie doch beträchtlichen Schaden anrichten. Sie legen große, ausgedehnte Gangsysteme in totem Holz an, um eine Behausung für den Ameisenstaat zu schaffen **(1b)**. Große Nester der Zimmermanns-Ameise können aus Tausenden von Tieren bestehen. Im Anfangsstadium besteht der junge Ameisenstaat lediglich aus einer Königin, die sich selbst um den Nachwuchs kümmert. Wenn die ersten Weibchen herangewachsen sind, versorgen diese die Eier und Larven und vergrößern das Nest. Sie begeben sich auch auf Nahrungssuche. Zurück im Nest würgen sie die Nahrung wieder hervor, um damit die Königin zu füttern. Zimmermanns-Ameisen leben in Symbiose mit Blattläusen. Die Ameisen versorgen diese, beschützen sie und sammeln dafür den von den Blattläusen abgegebenen Honigtau ein. Die Zimmermanns-Ameisen übernehmen auch die Brutpflege für die Blattläuse. Im Spätherbst kümmern sie sich um die Eier der Blattläuse und verwahren sie über den Winter in ihren Gängen. Im nächsten Frühjahr tragen sie die Eier wieder hinaus und legen sie an neuen Futterpflanzen ab.

## 2 Tigerkäfer Beautiful Tiger Beetle *Cicindela formosa (Cicindelidae)*

L 1,5–1,8 cm

**Merkmale** Kopf, Brust und Unterseite metallisch dunkel bronzefarben mit einzelnen weißen Haaren; Flügeldecken rotbraun gemustert, entlang der Mittellinie und der Kante grün schillernd; Antennen und Beine lang.

**Vorkommen** In ganz Nordamerika. An sandigen Stellen mit verstreutem Pflanzenbewuchs.

**Wissenswertes** Tigerkäfer sind, wie alle Sandlaufkäfer, äußerst schnell auf ihren schlanken Beinen unterwegs. In der Regel trifft man die Tiere einzeln an, wenn sie auf der Jagd nach kleinen Insekten sind, die sie mit ihren kräftigen, sichelförmigen Kiefern ergreifen. Sandlaufkäfer sind tagaktiv. Nachts und an heißen Tagen vergraben sie sich meist im Sand. Ihre Larven legen senkrechte Röhren im Boden an, in denen sie sich mit Haken am fünften Hinterleibssegment verankern. Die Nahrung der Larven besteht aus Insekten, die dem Röhreneingang zu nahe kommen. Die Wohnröhren der Larven dienen den Tieren später als Verpuppungskammer.

## 3 Schwarzfliege Blackfly *Simulium spp. (Simuliidae)*

L 2–4 mm

**Merkmale** Eine buckelige, winzige Fliege; Kopf nach unten gerichtet; Körper graubraun bis schwarz, eine Art leuchtend orangefarben; Antennen dick; Flügel durchsichtig bis rauchig-trüb.

**Vorkommen** In ganz Westkanada und Alaska bis zum Polarmeer. Nahe von fließendem Wasser in Wäldern, in Gebirgsregionen und auf der Tundra.

**Wissenswertes** Schwarzfliegen sind insbesondere im Frühsommer der Fluch des Nordens. Mosquitospray schützt zwar davor, gestochen zu werden, trotzdem ist man vielerorts von einer dichten Wolke von Fliegen umgeben. Die Quälgeister geraten in die Nase, in die Ohren und in die Augen. Nur ein Kopfnetz schützt wirksam vor den lästigen Tieren. Einige Arten sind Überträger einer für Wasservögel lebensbedrohlichen Krankheit, die für die Hälfte aller Todesfälle unter Enten, Gänsen und Schwänen verantwortlich ist. Die Weibchen legen ihre Eier an Steinen oder Blättern am Rand schnellfließender Gewässer ab. Die schlüpfenden Larven fallen ins Wasser und verankern sich mit Hilfe eines kleinen Saugnapfes im Hinterleib an Felsen. Voll entwickelte Larven verpuppen sich in Kokons. In vielen Wasserläufen überziehen die Kokons zahlloser Larven die Steine so dicht, daß diese aussehen, als wären sie mit Moos bedeckt.

1a

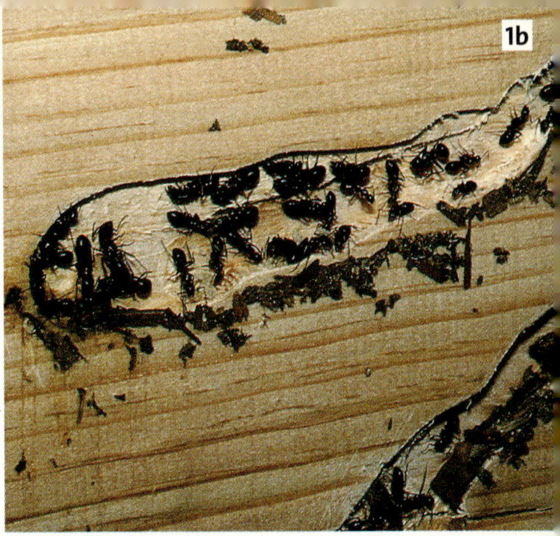
1b

2

3

## 1 Nördlicher Bläuling Northern Blue *Lycaeides argyrognomon (Lycaenidae)*

L 2,2–3,2 cm

**Merkmale** Männchen: Oberseite leuchtend silbrig lila-blau mit schmalem, dunklem Flügelrand; Weibchen: Oberseite graubraun mit orangefarbenen Punkten entlang des Flügelrandes; Unterseite grau mit Reihe kleiner orange-schwarzer Augenflecken nahe des Flügelrandes.

**Vorkommen** Von Alaska über das Yukon Territory bis British Columbia. In kühlen Gebirgsregionen.

**Wissenswertes** In den Wäldern im Westen Nordamerikas herrscht kein Mangel an Schmetterlingsarten mit blauen Flügeln. Die meisten sind sich im Erscheinungsbild sehr ähnlich und daher nur schwer auf die Art zu bestimmen. Der Nördliche Bläuling wird von Wanderern in den Cascade Mountains an schlammigen Stellen des Pfades häufig vom Boden aufgescheucht. Die Raupen der Falter verzehren mit Vorliebe Lupinien und Krähenbeeren.

## 2 Lorquin's Admiral Lorquin's Admiral *Basilarchia lorquini (Nymphalidae)*

L 5,7–7 cm

**Merkmale** Der kleinste Admiral; Oberseite braunschwarz, durchzogen von einem zusammenhängenden Band cremefarbener oder weißlicher Flecken; Vorderflügel an den Spitzen orangefarben; Unterseite mit einem komplizierten Muster aus schwarzen Linien und einem Band weißer Flecken auf orangefarbenem Untergrund.

**Vorkommen** In Südwest-Alberta sowie im südlichen und zentralen British Columbia. In Flußniederungen, entlang von Seen, an Waldrändern und in Parkanlagen.

**Wissenswertes** Der häufige Lorquin's Admiral lebt im Westen Nordamerikas und fehlt nur in den höchsten Berglagen und an den regenreichsten Küstenstrichen. Die Falter untersuchen fast alles, was in ihre Nähe kommt. Sie wurden sogar dabei beobachtet, wie sie eine Möwe, die sechs Meter über ihnen kreiste, angriffen und den Vogel so lange umflatterten, bis dieser davonflog.

## 3 Schwalbenschwanz Western Tiger Swallowtail *Pterourus rutulus (Papilionidae)*

L 7,0–9,8 cm

**Merkmale** Unter- und Oberseite zitronengelb mit schwarzen Tigerstreifen; Flügel schwarz umrandet; Hinterflügel mit ein oder zwei orangefarbenen und mehreren blauen Flecken nahe des Schwalbenschwanzes; die blauen Flecken setzen sich in einem Band am Hinterrand des Flügels fort.

**Vorkommen** In British Columbia. In der Nähe von Wasser in Wäldern, entlang von Pfaden, in Parkanlagen und in Gärten.

**Wissenswertes** Diese Schwalbenschwanzart gehört zu den auffälligsten Schmetterlingen im Westen des Kontinents. In trockenen Schluchten versammeln sich Schwalbenschwänze in großer Zahl an Schlammpfützen. Die Raupen fressen Weiden, Pappeln, Espen und Erlen.

## 4 Monarchfalter Monarch *Danaus plexippus (Danaidae)*

L 8,8–10 cm

**Merkmale** Flügel an den Rändern schwarz oder dunkelbraun; auf der Flügelfläche zwei Reihen orangefarbener oder weißer Flecken und Streifen, eingefaßt in schwarz; Kopf und Körper schwarz mit weißen Flecken.

**Vorkommen** Im südlichen British Columbia und in Alberta. Auf Wiesen, entlang von Straßen, in sandigen Gebieten, wo immer Schwalbenwurzgewächse gedeihen.

**Wissenswertes** Monarchfalter fliegen über 3.000 km auf ihrem Zug von Kanada nach Mexiko und wieder zurück. Schwalbenwurzgewächse produzieren Glycoside, die bitter schmecken, Übelkeit erzeugen und in höherer Konzentration auch giftig sind. Der Monarchfalter hingegen macht sich die Pflanzen zunutze. Auf ihnen legt er seine Eier ab, die Raupen ernähren sich von den Blumen und speichern die Glycoside in ihrem Körper. Nach der Verpuppung befindet sich das bittere Gift weiterhin im Gewebe der Tiere. Selbst in den Flügelspitzen sind Glycoside abgelagert. Für Vögel sind Monarchfalter daher ungenießbar.

1

2

3

4

## 1 Ackerschachtelhalm, Zinnkraut Common Horsetail *Equisetum arvense (Equisetaceae)*

H bis 70 cm Mai

**Merkmale** Unterirdischer, kriechender Erdsproß; gegliederte, hohle, gefurchte Sprosse; fertile und sterile Sprosse verschieden gestaltet, sich gleichzeitig entwickelnd, erstere anfangs gelbbraun, unverzweigt, später verzweigt und grün; Blätter schuppenartig, in Quirlen angeordnet, zu einer die Knoten umgebenden Scheide verwachsen; Sporangien auf Unterseite von Blättern in endständigen Ähren.

**Vorkommen** In ganz Alaska und Westkanada. Auf unterschiedlichsten Böden in feuchten Wäldern, auf Wiesen, in Sümpfen und in Mooren, auf der Feuchttundra.

**Wissenswertes** Schachtelhalme sind lebende Fossilien, die ihre Blütezeit im Karbon vor 280 bis 345 Mio. Jahren hatten. Die Blätter sind bei den meisten rezenten Schachtelhalmen zu bleichen, röhrigen Scheiden verbunden, während der Stengel für die Photosynthese zuständig ist. Die Sprosse sind reich an Silikaten. Sie werden daher nur selten von Tieren gefressen.

## 2 Gelber Stinkkohl Yellow Skunk Cabbage *Lysichiton americanum (Araceae)*

H 30–150 cm April–Juli

**Merkmale** Staude; Erdsproß knollig; Rosette am Sproßgrund mit elliptischen oder lanzettlichen Blättern; Blätter bis zu 1,5 m lang und 0,5 m breit; Blüten gelb, an einem vielblütigen Kolben; Kolben von einem gelben Tragblatt umgeben; Beerenfrüchte grün oder rot, eingebettet in den Blütenkolben.

**Vorkommen** In Südalaska und entlang der Küste British Columbias. In Sümpfen, in feuchten Wäldern und auf Feuchtwiesen.

**Wissenswertes** Der Name bezieht sich auf den Geruch der Blüten und des Pflanzensaftes. Dadurch werden Fliegen angelockt, die beim Stinkkohl die Bestäubung vornehmen. Der Saft wurde früher zur Behandlung der Scherpilzflechte verwendet. Die kurze, fleischige Wurzel wird von Tieren gefressen. Die Indianer verwendeten die Blätter der Pflanze, um Körbe auszulegen und Erdöfen auszukleiden. Verzehrt wurde die Pflanze nur bei Nahrungsknappheit.

## 3 Schmalblättriges Wollgras Tall Cottongrass *Eriophorum angustifolium (Cyperaceae)*

H bis 80 cm Ende Juni–Aug.

**Merkmale** Stengel einzeln oder in kleinen Gruppen, rund; Blätter 3zeilig, 2–6 mm breit; Blüten klein und unscheinbar, zwittrig; mehrere Ährchen an einem Blütenstand; Frucht dunkelbraun bis schwarz, eiförmig, 2–2,5 mm groß, umgeben von langen weißen Haaren; Blütenstand nach Blütezeit mit einem dichtem Wollschopf.

**Vorkommen** In ganz Alaska und Westkanada. In Sümpfen, in Flachmooren, auf Feuchtwiesen, auf der Feuchttundra.

**Wissenswertes** Die Stengel der Wollgräser sprießen im Frühjahr aus unterirdischen, kriechenden Sprossen (Rhizomen). Der markante Wollschopf entwickelt sich erst nach der Blütezeit. Er dient der besseren Verbreitung der Samen durch den Wind.

## 4 Falscher Salomonsiegel, Schattenblume False Salmon Seal *Smilacina racemosa (Liliaceae)*

H 30–100 cm März–Juli

**Merkmale** Staude; Erdsproß dick und fleischig; Stengel aufrecht oder leicht gebogen, unverzweigt; häufig in Gruppen wachsend; Blätter zweizeilig, elliptisch, 7–20 cm lang, ausgeprägte parallele Blattnerven; Blüten cremefarben, in Doppeltrauben; Frucht rötliche, 6 mm große Beeren.

**Vorkommen** Im äußersten Südosten von Alaska sowie in British Columbia und in Alberta. In schattigen, feuchten Wäldern von Meereshöhe bis in mittlere Gebirgslagen.

**Wissenswertes** Die Beeren des Falschen Salomonsiegels sind genießbar. Die Gitksan, ein Volk, das zwischen Prince Rupert und Smithers sein Stammesgebiet hat, kochten die Wurzeln und tranken den Sud gegen Rheuma, Rückenschmerzen und Nierenprobleme. Das Getränk diente zudem als Abführmittel. Auch bei der Behandlung von Schnittwunden fand die Pflanze Verwendung. Die Wurzel wurde zerrieben und die breiige Masse auf die betroffene Körperpartie aufgetragen.

1a

1b

2

3

4

## 1 **Mormonentulpe** Sagebrush Mariposa Lily *Calochortus macrocarpus (Liliaceae)*

H 20–50 cm Mai–Aug.

**Merkmale** Staude; Knolle tief in der Erde; Blätter wechselständig, bis zu 10 cm lang, sehr schmal; Blüten 4–6 cm breit, glockenförmig, weiß bis lilafarben, in ein- bis dreiblütiger Dolde.

**Vorkommen** Im südlichen British Columbia. In offenen Wäldern und trockenen Graslandschaften.

**Wissenswertes** Mormonentulpen werden häufig auch Sego-Lilien genannt. Sego ist ein Wort aus der Sprache der Shoshonean und bedeutet „eßbare Knolle". Im Westen Nordamerikas kommen mehrere Mormonentulpen-Arten vor. In vielen Indianerkulturen gehörten ihre stärkereichen Knollen zu den wichtigsten pflanzlichen Nahrungsmitteln.

## 2 **Gemeines Bärengras** Common Beargrass *Xerophyllum tenax (Liliaceae)*

H bis 150 cm Mai–Aug.

**Merkmale** Staude; Erdsproß kurz und dick; Blätter am Sproßgrund grasartig, hart, drahtig, bis zu 90 cm lang, immergrün, in vielblättriger Rosette; Sproßblätter zum Blütenstand kleiner werdend; Blüten klein und weiß, in dichten, zu Anfang der Blühzeit knolligen Trauben.

**Vorkommen** In British Columbia und im westlichen Alberta. In offenen Wäldern, auf Lichtungen und auf Bergwiesen.

**Wissenswertes** Die Indianer benutzten die Blätter, um daraus Hüte, Umhänge und Körbe herzustellen. Die Wurzel erschien geröstet in der Eßschale. Der deutsche und englische Name bezieht sich auf die Beobachtung, daß im Frühjahr der saftige Blattgrund zum Speisezettel der Bären gehört. In trockenen Gebirgsregionen, wie auf der Ostseite der Rocky Mountains, ist die Pflanze sehr häufig. Da manche Populationen unregelmäßig alle paar Jahre blühen, können in einem Sommer die Blüten des Bärengrases ganze Bergwiesen weiß gesprenkelt erscheinen lassen, wohingegen im Jahr darauf andere Blumen das Landschaftsbild beherrschen.

## 3 **Kamtschatka-Schachblume** Kamtchatka Lily *Fritillaria camschatcensis (Liliaceae)*

H bis 60 cm Febr.–Juni

**Merkmale** Staude; Blätter in zwei bis drei, 5–10blättrigen Wirteln, ganzrandig, lanzettlich, bis zu 8 cm lang; Blüten bronzefarben bis braun, glockenförmig, nickend, 3 cm groß, meist zu mehreren eng beieinander stehend.

**Vorkommen** In Südalaska und an der Küste British Columbias. In Feuchtgebieten, entlang der Küstenlinie.

**Wissenswertes** Die Knollen der Kamtschatka-Schachblume wurden von fast allen Indianerstämmen, den Aleut und den Yup'ik Eskimos gesammelt, gekocht und gegessen. Noch heute gibt es einige Ureinwohner, die die Knollen ausgraben und als Speise zubereiten. Die Blüten werden von Fliegen bestäubt, die durch die Farbe des Kelches und den Geruch der Blume nach verwesendem Fleisch angelockt werden.

## 4 **Jochblümchen** Elegant Death Camas *Zygadenus elegans (Liliaceae)*

H bis 70 cm Juni–Aug.

**Merkmale** Staude; Blätter grasartig, 15–30 cm lang, blaßgrün; Blüten 2 cm groß, cremefarben, grüner Fleck an Basis der blumenblattartigen Kelchblätter, in Trauben.

**Vorkommen** In Alaska und Westkanada, fehlt in Südwest-Alaska und entlang der Küste. In offenen Wäldern, in Heidegebieten, auf Bergwiesen.

**Wissenswertes** In Alaska blüht diese Jochblümchenart noch in 2.000 m Höhe. Die Pflanze enthält das giftige Alkaloid Zygadenin, das zu Übelkeit, erniedrigter Körpertemperatur und Atemnot führt. Jochblümchen gehört zu den berüchtigtsten Pflanzen im Westen des Kontinents. Vieh stirbt immer wieder durch den Verzehr der Blume. Auch Indianer und die frühen Siedler mußten manchmal mit dem Leben dafür bezahlen, die Knolle des Jochblümchens mit der der eßbaren **Camaslilie** *(Camassia quamash)* verwechselt zu haben. Die rohe Knolle und die Blätter des Jochblümchens hinterlassen ein brennendes Gefühl auf der Zunge.

1

2

3

4

## 1 **Norne** oder **Calypso** Calypso oder Fairy Slipper *Calypso bulbosa (Orchidaceae)*

H bis 20 cm März–Juli

**Merkmale** Staude; Knolle länglich; Blätter einzeln, eiförmig, dunkelgrün, 3–6 cm lang, grundständig; einzelne Blüte an Spitze eines aufrechten Stiels; Blüte purpurn, 3 cm groß, die oberen 3 Blütenblätter lanzettförmig, die unteren beiden bilden eine pantoffelförmige Lippe.

**Vorkommen** In Alaska in geschützten Lagen auf beiden Seiten der Alaska Range, in den Northwest Territories östlich der Mackenzie Mountains sowie in British Columbia und in Alberta. In schattigen, feuchten Wäldern.

**Wissenswertes** Diese wunderschöne und wohlriechende kleine Orchidee verschwindet immer mehr aus besiedelten Regionen, da zu viele Naturbegeisterte ihrem Charme erliegen und sie pflücken. Auch übervorsichtiges Entfernen aus dem Erdreich führt meist dazu, daß die feinen Wurzeln der Pflanze abgerissen werden. In der Regel überlebt die Orchidee die versuchte Umsiedelung in den heimischen Garten oder den Blumentopf nicht. Ihren Namen erhielt sie zu Ehren der Nymphe Calypso, der Tochter von Atlas, aus Homers Odyssee. Odysseus entdeckte Calypso versteckt in den Wäldern Ogygias, nachdem er auf der Insel Schiffbruch erlitten hatte.

## 2 **Sumpfhyazinthe** Northern Green Bog Orchid *Platanthera hyperborea (Orchidaceae)*

H bis 35 cm Juni–Juli

**Merkmale** Stengel kräftig; Blätter wechselständig, lanzettlich, bis zu 15 cm lang; Blüten klein, gelbgrün, zu 5–30 in einer Ähre.

**Vorkommen** In Ostalaska und Westkanada, fehlt an der Küste und in der Arktis. In Mooren und auf Feuchtwiesen.

**Wissenswertes** In Westkanada und Alaska kommen mehrere Orchideen aus der Gattung *Platanthera* vor. Ihnen allen gemeinsam sind kleine, weiße bis gelbgrünliche Blüten, die an einem aufrechten Stengel in Ähren sitzen. Die Kelchblätter sind häufig abstehend, wohingegen die Blütenblätter helmförmig sind.

## 3 **Schlangenwurz** Bistort *Polygonum bistortoides (Polygonaceae)*

H 20–70 cm Mai–Aug.

**Merkmale** Staude; Stengel unverzweigt, rötlich; Blätter lanzettlich, überwiegend grundständig; Blattgrund bildet bräunliche, stengelumfassende Scheide; Blüten weiß bis rosa, nur 6 mm groß, in dichten, 2–5 cm langen und 2 cm dicken Scheinähren.

**Vorkommen** In ganz Alaska und Westkanada. Auf feuchten Bergwiesen, entlang Bergbächen, auf der Tundra.

**Wissenswertes** Der Schlangenwurz ist eine der häufigsten Gebirgsblumen. Auf manchen Bergwiesen wird der Blumenteppich völlig von dieser Pflanze beherrscht. Manche Indianerstämme haben die kräftige Wurzel als Nahrungsmittel genutzt. Auch die jungen Blätter lassen sich roh oder gekocht verzehren. Die Pflanze besitzt einen verdrehten, mehrfach gewinkelten Erdsproß, dem der Schlangenwurz seinen wissenschaftlichen Namen verdankt.

## 4 **Säuerling** Mountain Sorrel *Oxyria digyna (Polygonaceae)*

H bis 60 cm Juli–Anfang Aug.

**Merkmale** Staude; mehrstengelig mit überwiegend grundständigen, nierenförmigen, langgestielten Blättern; Blüten rötlich oder grün, 2 mm groß, in dichten, bis zu 20 cm langen Ähren.

**Vorkommen** In Alaska und Westkanada, fehlt in den Northwest Territories östlich der Mackenzie Mountains. Feuchte Standorte in Gebirgen und auf der Tundra.

**Wissenswertes** Die Blätter, aber nicht die Wurzel, können als Rohkost verzehrt werden. Sie schmecken allerdings – wie der Name schon sagt – sehr sauer. Der Geschmack beruht auf dem hohen Oxalsäuregehalt. Auch der lateinische Name spiegelt die geschmacklichen Qualitäten der Pflanze wieder. *Oxyria* bedeutet „sauer schmeckend“. Auf Wanderung eignen sich die Blätter als Durststiller, indem sie den Speichelfluß anregen.

1

2

3

4

## 1 **Claytonie** oder **Tellerkraut** Spring Beauty *Claytonia lanceolata (Portulacaceae)*

H 5–20 cm April–Juli

**Merkmale** Staude; tiefe, murmelgroße Knolle; ein Paar gegenständige Blätter auf halber Stengelhöhe, lanzettlich, 2–8 cm lang; meist auch ein Paar grundständige Blätter, die in der Regel bis zur Blütezeit verdorren; Blüte weiß oder zart rosa, häufig mit rosa Blütenblattnerven, 6–20 mm groß.

**Vorkommen** Im südlichen British Columbia. Auf Feuchtwiesen, nahe Schneebänken, an Berghängen bis in hohe Lagen.

**Wissenswertes** Die Claytonie gehört zu den hübschesten Blumen, die das Frühjahr in den Bergen für den Wanderer bereithält. Die Pflanze wurde von den Indianern im südlichen British Columbia intensiv genutzt. Der Potato Mountain im Gebiet der Chilcotin wurde nach ihr benannt. Die Knollen wurden von Ende Mai bis Ende Juni gesammelt und roh oder gekocht gegessen. Sowohl roh, gekocht oder getrocknet wurden sie außerdem als Wintervorrat aufbewahrt.

## 2 **Kalifornische Auferstehungspflanze** Bitterroot *Lewisia rediviva (Portulacaceae)*

H 1,3–5 cm Mai–Juli

**Merkmale** Staude, kleine, fast stengellose Pflanze mit verhältnismäßig großer Blüte; Blätter in grundständiger Rosette, fleischig, bis zu 5 cm lang, verdorren vor der Blütezeit; Blüte dunkelrosa, 4–6,5 cm lang, 12–18 Blütenblätter, 6–8 Kelchblätter, 30–50 Staubblätter.

**Vorkommen** Im südlichen British Columbia. An sonnigen Standorten in Kiefernwäldern und im Grasland.

**Wissenswertes** Die Auferstehungspflanze ist an trockene Standorte gut angepaßt. Im Frühjahr, nach der Schneeschmelze, wenn noch ausreichend Feuchtigkeit im Erdreich vorhanden ist, erscheinen die Blätter. Sie füllen durch Photosynthese das über den Winter verbrauchte Nährstoffdepot der Wurzel wieder auf. Anfang Mai sind die Blätter vollkommen verschwunden. Die Pflanze erblüht jetzt, ohne daß auch nur ein einziges grünes Blatt zu sehen wäre.

## 3 **Arktisches Sandkraut** Arctic Sandwort *Minuartia arctica (Caryophyllaceae)*

H 1–5 cm Juni–Anfang Juli

**Merkmale** Eine Polsterstaude; grundständige Blätter lineal, Stengelblätter kürzer und breiter; Blattrand haarig; Blüten einzeln, 6–7 mm groß, weiß bis rosa.

**Vorkommen** In ganz Alaska mit Ausnahme des Südostens, außerdem in Kanada im westlichen Yukon Territory. An trockenen Berggraten, an felsigen Hängen und auf der Trockentundra.

**Wissenswertes** Das Arktische Sandkraut bildet moosähnliche Polster. Die Pflanze bietet dadurch dem Wind wenig Angriffsfläche und schafft innerhalb des Polsters ein Mikroklima, in dem die Temperaturen deutlich oberhalb der Verhältnisse in der Umgebung liegen. Die Photosynthese kann sich somit mit höherer Effektivität auch bei relativ niedrigen Umwelttemperaturen abspielen und der Wasserverlust ist geringer.

## 4 **Stengelloses Leimkraut** Moss Campion *Silene acaulis (Caryophyllaceae)*

H 1–5 cm Juni–Aug.

**Merkmale** Dichte Kugel-Polsterstaude; Stengel dicht mit Blättern besetzt; Blätter gegenständig, hellgrün, lineal, 5–15 mm lang; Blüten einzeln, kurz gestielt, 6–10 mm groß, rosa, 3 Fruchtblätter; 5 Blütenblätter, breiter oberer Teil außen eingekerbt.

**Vorkommen** In Alaska und Westkanada. In sandigen Böden und an Berggraten oberhalb der Baumgrenze, auf der Tundra.

**Wissenswertes** Das Stengellose Leimkraut ist über die gesamte nördliche Hemisphäre verbreitet. Mehrere andere Polsterpflanzen mit rosa Blüten können mit dem Stengellosen Leimkraut verwechselt werden. Hierzu gehören u.a. mehrere Phlox-Arten. Beim Phlox sind die Blütenblätter jedoch zu einer Röhre verbunden. Der **Gegenblättrige Steinbrech** *(Saxifraga oppositifolia)* wird öfters mit einem Leimkraut verwechselt. Die elliptischen Blätter und das Vorhandensein von lediglich 2 Fruchtblättern ermöglichen aber eine zweifelsfreie Bestimmung dieser Art.

1

2

3

4

## 1 **Eisenhut** Monkshood *Aconitum delphinifolium (Ranunculaceae)*

H 10–120 cm Juni–Aug.

**Merkmale** Staude; Wurzelstock braun, rübenartig; Stengel kräftig; Blätter wechselständig, handförmig geteilt, Abschnitte tief gelappt und gezähnt, unbehaart; Blüten in lockeren Rispen, dunkelblau, oberstes Blütenblatt helmförmig.

**Vorkommen** Von Alaska über das Yukon Territory und die westlichen Northwest Territories bis ins nördliche British Columbia und Alberta. In feuchten, offenen Wäldern, auf Bergwiesen und auf der Tundra.

**Wissenswertes** Die Größe des Eisenhuts ist abhängig vom Erdreich und von den klimatischen Bedingungen. In alpinen Regionen, an windigen Stellen, erreicht die Pflanze kaum 10 cm Höhe und die Staude trägt meist nur eine Blüte. Im Tal hingegen kann der Eisenhut über 1 m hoch wachsen und 10 Blüten tragen. Alle Teile des Eisenhuts sind hochgiftig. Wie auch der Rittersporn gehören sie zu den Hauptverantwortlichen bei Viehvergiftungen. Der Stengel des Eisenhuts enthält Aconitin, das das Nervensystem lähmt und die Körpertemperatur und den Blutdruck senkt. Einige Eisenhut-Arten finden Verwendung in der Pharmaindustrie bei der Herstellung von Arzneimitteln.

## 2 **Rittersporn** Larkspur *Delphinium glaucum (Ranunculaceae)*

H 50–200 cm Juni–Anfang Aug.

**Merkmale** Staude; Blätter wechselständig, handförmig geteilt mit gezähnten Abschnitten; Blüten in schmalen Ährentrauben, untere Tragblätter groß, obere reduziert; Blüten dunkel lilablau; 5 Kronblätter, oberen zu einem langen, nach hinten gerichteten Sporn verbunden.

**Vorkommen** In Alaska und Westkanada, in Südkanada vorwiegend im Landesinneren in Hochlagen, fehlt in der Arktis. An feuchten Standorten, in Wäldern und auf Bergwiesen.

**Wissenswertes** Die Blume wird von Schmetterlingen und Hummeln bestäubt. Die Frucht des Rittersporns, der Balg, ist giftig. Dasselbe trifft auf alle anderen Pflanzenteile und auf andere Rittersporn-Arten zu. Obwohl bei Gartenfreunden beliebt, ist die Blume Viehzüchtern ein Greuel. Unter allen Wildblumen im Westen Nordamerikas sind Ritterspome nach den Traganten am häufigsten verantwortlich für Vergiftungserscheinungen beim Vieh. Sie rufen beim Menschen Unterleibsschmerzen und Übelkeit hervor. Bei zu hoher Dosis kann es zum Tod durch Ersticken kommen. Verantwortlich für die gesundheitlichen Folgen ist in erster Linie der Blütenfarbstoff Delphinin. Viele Vertreter aus der Verwandtschaft der Hahnenfußgewächse *(Ranunculaceae)* enthalten chemische Substanzen, die Ausschläge, Blasenbildung auf der Haut und Entzündungen der Rachengegend verursachen können. Bei manchen verdunsten die giftigen Substanzen beim Trocknen der Pflanze. Die Wirkung läßt dann so stark nach, daß sie als ungiftig betrachtet werden können.

## 3 **Kanadische Akelei** Western Columbine *Aquilegia formosa (Ranunculaceae)*

H 15–90 cm Mai–Aug.

**Merkmale** Staude mit Pfahlwurzel; Stengel leicht behaart im Blütenstand; Blätter überwiegend grundständig, doppelt dreizählig gefiedert, 2–4 cm lang; Blüten rot und gelb, 5 cm groß, mit 5 geraden, roten Sporen.

**Vorkommen** Von Südalaska über das südliche Yukon Territory nach British Columbia und ins westliche Alberta. An feuchten, sonnigen bis teils schattigen Standorten; auf Wiesen, auf felsigen Hängen, in offenen Wäldern vom Tiefland bis zur Baumgrenze.

**Wissenswertes** Die Akelei übt eine große Anziehungskraft auf Kolibris und Schmetterlinge aus. Die Haida auf den Queen Charlotte Islands nennen sie Rote Regenblume. Die Kinder wurden davor gewarnt sie zu pflücken, da es ansonsten anfangen würde zu schütten. In der Heilkunde der Ureinwohner Amerikas spielt die Akelei nur eine untergeordnete Bedeutung. Manche Stämme verwendeten Teile der Pflanze bei der Zubereitung von Präparaten gegen Durchfall, Gliederschmerzen und Schwindelanfälle. Die Quileute zerrieben die Akelei mit einem Stein und trugen den milchigen Brei auf wunde Stellen auf, um die Vernarbung zu unterstützen.

1

2

3

## 1 **Rosenwurz** Roseroot *Sedum integrifolium* *(Crassulaceae)*

H 5–20 cm Juni–Aug.

**Merkmale** Staude; Erdsproß fleischig, Stengel oft rötlich; Blätter wechselständig, eiförmig bis länglich, gezähnt bis ganzrandig, 0,5–4 cm lang, grün bis rosa; Blüten meist dunkelrot, selten gelb, in dichten Trugdolden, 2–4 mm groß.

**Vorkommen** In Alaska und Westkanada, fehlt östlich der Mackenzie Mountains in den Northwest Territories. Offene Standorte im Gebirge, auf der Tundra.

**Wissenswertes** Die Ureinwohner Alaskas essen die fleischigen Blätter und jungen Triebe roh oder gekocht. Ein Gericht besteht aus dem gekochten Erdsproß vermischt mit Walroßspeck oder anderem Fett. Die Pflanze wird vor der Blütezeit gesammelt, da sie im Laufe des Sommers zunehmend einen bitteren Geschmack annimmt. Die Athabaska Indianer verwendeten einen Rosenwurz-Sud, um Halsschmerzen und Erkältungskrankheiten zu behandeln.

## 2 **Arktischer Mohn** Arctic Poppy *Papaver radicatum* oder *Papaver lapponicum* *(Papaveraceae)*

H 15–25 m Mitte Juni–Aug.

**Merkmale** Behaarte Rosettenstaude; Milchsaft weiß oder gelb; Blätter grundständig, fiederlappig; Blüten sattgelb, 2–4 cm groß, schalenförmig.

**Vorkommen** In ganz Alaska und Westkanada. Sandige Böden auf der Tundra, auf Bergwiesen.

**Wissenswertes** Den arktischen Mohn findet man unter drei verschiedenen wissenschaftlichen Namen: *Papaver radicatum*, *P. lapponicum* und *P. kluanensis*. Die Meinungsverschiedenheiten zwischen den Systematikern beruht auf einer unterschiedlichen Bewertung regionaler Abweichungen im Erscheinungsbild der Blumen.

## 3 **Gegenblättriger Steinbrech** oder **Purpursteinbrech**

Purple Mountain Saxifrage *Saxifraga oppositifolia* *(Saxifragaceae)*

H 1–5 cm Juni–Aug.

**Merkmale** Niedrige, dichtrasige Polsterstaude; Triebe niederliegend; Blätter gegenständig, blaugrün, winzig, nur 2–4 mm groß, rechteckig bis eiförmig, am Grund behaart, mit 1–5 Kalkporen; Blüten einzeln, lila bis tief purpurn, ungestielt, 10–20 mm groß, 3 Fruchtblätter.

**Vorkommen** In ganz Alaska und Westkanada. Auf feuchten Geröllhängen, in Felsspalten, an Berggraten; im Süden in Hochgebirgslagen, in Alaska auch auf Meereshöhe.

**Wissenswertes** Die leuchtend rote Färbung des Purpursteinbrechs ist ungewöhnlich für einen Vertreter dieser Pflanzenfamilie, in der sonst weiße Blüten vorherrschen. Die Pflanze ähnelt dem **Stengellosen Leimkraut** *(Silene acaulis)*, unterscheidet sich aber von diesem durch den Besitz dreier Fruchtblätter. Der Name „Steinbrech" spiegelt den früher verbreiteten Volksglauben wieder, daß die Pflanzen in der Lage seien, den Felsen, auf dem sie wachsen, aufzubrechen. Diese Überzeugung führte dazu, daß man die Pflanzen sammelte, zerrieb und dann Personen verabreichte, die an Gallsteinen litten. Der Wurzel des Steinbrechs schrieb man außerdem die Fähigkeit zu, Zahnschmerzen zu lindern.

## 4 **Alaska Boykinia** oder **Bärenblume**

Alaska Boykinia oder Bear Flower *Boykinia richardsonii* *(Saxifragaceae)*

H bis 75 cm Juli–Aug.

**Merkmale** Staude; Stengel behaart; grundständige Blätter groß, langgestielt, nierenförmig, gezähnt; Blüten weiß, bis zu 2,5 cm lang, an langer Ähre.

**Vorkommen** In Alaska und dem angrenzenden Yukon Territory. In subalpinen Wäldern, auf Tundrawiesen, entlang von Wasserläufen, bis in 1.800 m Höhe.

**Wissenswertes** Als eine der wenigen großblättrigen, freßbaren Pflanzen im Lebensraum der Grizzlies wird die Alaska Boykinia von den Bären gerne gefressen. Im Frühjahr gehört sie zu den bevorzugten Nahrungspflanzen der Tiere. Den Namen Boykinia trägt sie zu Ehren von Dr. Samuel Boykin (1786–1848), einem Naturkundler aus dem US-Bundesstaat Georgia.

1

2

3

4

## 1 Prächtige Himbeere Salmonberry *Rubus spectabilis (Rosaceae)*

H bis 4 m März–Juli

**Merkmale** Staude mit aufrechten oder gebogenen, verholzenden Zweigen; Äste zweijährig, schwach mit Stacheln bewehrt, Rinde goldbraun; Erdsproß verzweigt; Blätter wechselständig, 3zählig gefiedert; Fiedern eiförmig, gezähnt; Blüten rosa bis dunkelrot, 2,5–4 cm groß, einzeln oder zu wenigen an kurzen Zweigen; Beere gelb bis rötlich.

**Vorkommen** In Südalaska und entlang der Küste British Columbias. In feuchten Wäldern, entlang von Wasserläufen, in Lawinenschneisen, von Meereshöhe bis in mittlere Gebirgslagen.

**Wissenswertes** An feuchten, sonnigen Hängen bildet die Prächtige Himbeere nahezu undurchdringliche Gestrüppe. Die Beeren sind eßbar. Die Beurteilung ihres Geschmacks reicht allerdings von fad bis hervorragend. Die Indianer aßen sowohl die Triebe als auch die Beeren. Die süßlich schmeckenden jungen Triebe wurden geschält und roh verspeist. Die Beeren dienten häufig als Beilage bei Lachsmahlzeiten. Manche Stämme vermischten sie mit getrocknetem Lachsrogen. Die Beeren gehören zu den ersten, die reif werden. Manche kann man bereits im Mai pflücken.

## 2 Strauchfingerkraut Shrubby Cinquefoil *Potentilla fruticosa (Rosaceae)*

H 15–90 cm Juni–Aug.

**Merkmale** Ein sommergrüner Strauch, reich verzweigt; Blätter 5–7zählig gefiedert; Fiedern 1,3–2 cm lang, länglich bis elliptisch, ganzrandig, behaart; Blüte gelb, 1,6–2,4 cm groß, einzeln oder zu wenigen.

**Vorkommen** In ganz Alaska und Westkanada. Sowohl trockene als auch feuchte Standorte, an Bergkämmen, in offenen Wäldern, in Graslandschaften, in Feuchtgebieten bis in hohe Gebirgslagen.

**Wissenswertes** Dieser Busch ist im Westen des Kontinents weit verbreitet. Aufgrund seiner Toleranz gegenüber unterschiedlichen Bodenbedingungen ist das Strauchfingerkraut eine beliebte Gartenpflanze.

## 3 Nelkenwurz Prairie Smoke, Purple Avens oder Old Man's Whiskers *Geum triflorum (Rosaceae)*

H bis 40 cm April–Aug.

**Merkmale** Staude; Stengel rötlich, behaart; Blätter überwiegend grundständig, 3–15 cm lang, gefiedert; Fiedern tief gezähnt; Blüten rosa bis rot, 1,5 cm groß, nickend; Frucht samenartig mit behaarten Griffeln.

**Vorkommen** Im südlichen British Columbia und in Alberta. Von offenen Graslandschaften bis hinauf auf Bergwiesen.

**Wissenswertes** Nach der Bestäubung richten sich die glockenförmigen Blumen auf und an den Griffeln beginnen Haare zu wachsen. Diese dienen der Verbreitung des Samens durch den Wind oder durch ein Tier, das die Pflanze streift und in dessen Fell sich die Haare verfangen. Der englische Name „Aven" leitet sich ursprünglich vom griechischen Begriff für „Gegenmittel" ab, da manchen Nelkenwurz-Arten nachgesagt wurde, daß sie den Teufel, böse Geister, Giftschlangen und wilde Bestien vertreiben könnten.

## 4 Achtblumenblättriger Silberwurz Mountain Aven *Dryas octopetala (Rosaceae)*

H 5–25 cm Juni–Aug.

**Merkmale** Mattenbildender Zwergstrauch; immergrün; Blätter lanzettlich, 3 cm lang, gezähnt, gestielt, oberseits dunkelgrün, unterseits weißfilzig; Blüten einzeln, weiß, 2,5 cm groß, mit 8–10 Blütenblättern, viele Staubblätter, Frucht mit langen fedrigen Griffeln; schopfartiger Fruchtstand.

**Vorkommen** In ganz Alaska und Westkanada. An offenen, häufig felsigen Standorten von mittleren Lagen bis oberhalb der Baumgrenze, auf der Trockentundra.

**Wissenswertes** Die Silberwurz bildet häufig mit Zwergweiden kleine Pflanzengemeinschaften. Die Blume gehört zu den wichtigen Futterpflanzen der Dallschafe. Sie zählt zu den spätblühenden Pflanzen, deren Blüte sich erst entwickelt, nachdem der Schnee schon lange verschwunden und das Erdreich abgetrocknet ist. Der Name Dryas kommt aus dem Griechischen und bedeutet „Waldnymphe".

1

2

3

4

## 1 Kanadischer Wiesenknopf Sitka Burnet *Sanguisorba canadensis (Rosaceae)*

H 25–100 cm Juni–Juli

**Merkmale** Kahle Staude; Blätter überwiegend grundständig, 10–30 cm lang, 9–17zählig gefiedert; Fiedern eiförmig, grob gezähnt; membranartige Nebenblätter; 1–3 reduzierte Blätter am Stengel; Blüten grünlichweiß bis cremefarben, klein, zahlreich, in dichten, verlängerten, 4–7 cm langen Ähren.

**Vorkommen** Von Süd- und Zentralalaska über das südwestliche Yukon Territory bis ins westliche British Columbia. An feuchten Standorten wie Moore, Sümpfe oder Feuchtwiesen.

**Wissenswertes** Der Kanadische Wiesenknopf wird auch unter den wissenschaftlichen Namen *S. sitchensis* und *S. stipulata* geführt. Naturheilkundler empfehlen die Blätter zum Aufbrühen eines Kräutertees zu verwenden. Er kann bei der Ruhr helfen. Der wissenschaftliche Name *Sanguisorba* bezieht sich auf die der Pflanze zugesprochene Eigenschaft, Blutungen zu stoppen.

## 2 Arktische Lupinie Arctic Lupine *Lupinus arcticus (Fabaceae)*

H bis 60 cm Juni–Aug.

**Merkmale** Staude; mehrere behaarte, schlanke Stengel aus einem verzweigten Erdsproß hervorgehend; Blätter überwiegend grundständig, 6–8zählig, fingerförmig gefiedert, diese bis zu 5 cm lang; Blüten bläulich, bis zu 2 cm groß, zahlreich in einer Traube angeordnet.

**Vorkommen** In Alaska und Westkanada, fehlt in Südwest-Alaska. Offene Standorte in allen Höhenlagen.

**Wissenswertes** Der älteste Same einer Arktischen Lupinie wurde 1967 in dem gefrorenen Bau eines Lemmings entdeckt. Sein Alter wurde auf 10.000 Jahre geschätzt. Der Same keimte innerhalb von 48 Stunden, nachdem man ihn in die Erde eingepflanzt hatte. Ursprünglich war man der Überzeugung, daß Lupinien die Nährstoffe des Erdreiches verschlingen würden. Lupinien wachsen zwar in nährstoffarmen Böden, verringern aber nicht deren Nährstoffgehalt.

## 3 Arktischer Tragant, Gletscherlinse Arctic Milk Vetch *Astragalus umbellatus (Fabaceae)*

H bis 20 cm Juni–Juli

**Merkmale** Staude; Stengel aus horizontaler Wurzel hervorgehend; Blätter wechselständig, 7–11zählig gefiedert; Fiedern eiförmig, unterseits haarig; Blüten klein, gelblich, in lockeren Trauben; Blütenkelch grüngelb und haarig; Frucht eine schwarzbehaarte Hülse.

**Vorkommen** In Alaska außer in Südalaska und im Yukon Territory. Auf steinigen Hängen, auf Bergwiesen, auf der Tundra.

**Wissenswertes** Die Wurzel des Arktischen Traganten ist eßbar und wird von den Einwohnern Sibiriens als Nahrungsmittel herangezogen. Viele Traganten sind allerdings hochgiftig und der häufigste Grund für Vergiftungserscheinungen beim Vieh. Die Pflanze verursacht die sogenannte Loco-Krankheit. Die Symptome dieses Leidens sind Schwächeanfälle, Koordinationsschwierigkeiten, Muskelzittern und teilweise Lähmung.

## 4 Alpensüßklee Eskimo Potato *Hedysarum alpinum (Fabaceae)*

H bis 60 cm Mai–Juli

**Merkmale** Staude; Blätter 15–20zählig gefiedert; Fiedern bis zu 2,5 cm lang, eiförmig bis elliptisch; Blüten violettrot, bis 2 cm groß, in lang-gestielten Trauben; Hülsenfrucht.

**Vorkommen** Von Alaska über das Yukon Territory und die Northwest Territories bis nach British Columbia und Alberta; fehlt entlang der Küste und im Süden und Südwesten British Columbias. Auf felsigen Hängen, in Fichtenwäldern, auf Kiesbänken.

**Wissenswertes** Die Wurzeln und der Stengel des Alpensüßklee wurden von den Indianern sowohl roh als auch gekocht gegessen. Dem Süßklee ähnlich sind die **Wicken** *(Vicia spp.)*. Als Kletterstauden besitzen diese allerdings an den gefiederten Blättern anstelle eines Endblättchens meist eine Ranke. Will man die Pflanze essen, sollte man bei der Bestimmung auf dieses Merkmal achten, da sich mehrere Wickenarten als giftig erwiesen haben.

1

2

3

4

## 1 Arktisches Weidenröschen River Beauty *Epilobium latifolium (Onagraceae)*

H 5–40 cm Juni–Aug.

**Merkmale** Eine kriechende, vielstengelige Staude; Stengelbasis kräftig, verholzend und grau behaart; Blätter nahe der Stengelbasis gegenständig, später wechselständig, Blattform eiförmig bis elliptisch, 1–8 cm lang, fast stiellos, ganzrandig oder schwach gezähnt; Blüten etwa 3–6 cm groß, 4 Kelchblätter, 4 Blütenblätter, in lockeren Trauben; Frucht eine 3–10 cm lange, rote Kapsel.

**Vorkommen** In ganz Alaska und Westkanada. Auf sandigen, steinigen Standorten wie auf Flußbänken, an Straßenrändern und in trockenen, höheren Lagen, häufig in Geröllhalden.

**Wissenswertes** Die jungen Blätter werden von den Indianern roh oder gekocht gegessen.

## 2 Waldweidenröschen Fireweed *Epilobium angustifolium (Onagraceae)*

H 60–140 cm Juni–Sept.

**Merkmale** Vielstengelige Staude; Blätter wechselständig, lanzettlich, 5–20 cm lang, ganzrandig; Blüten rosa-purpurn, 2–4 cm groß, in langen Trauben; Frucht lange, rote Kapsel.

**Vorkommen** In ganz Alaska und Westkanada. Auf Waldlichtungen, auf Blockhalden, entlang Gewässern, in Waldbrandgebieten.

**Wissenswertes** Die Haida verwendeten die äußeren Fasern der Stengel, um daraus Schnüre herzustellen, die insbesondere in Fischnetzen Verwendung fanden. Andere Stämme sammelten die langen Samenhaare und benutzten sie zusammen mit der Wolle der Bergziegen, um Decken und Umhänge zu weben. Waldweidenröschen dienten zusätzlich als Nahrung. Im Frühling sammelte man die Stengel und aß das Mark. Die Blätter der Weidenröschen sind zudem reich an Vitamin C und eignen sich für Tees. Die Blumen produzieren reichlich Nektar. Imker, die ihre Stöcke strategisch in der Nähe der Pflanzen plazieren, werden mit einem hervorragenden Honig belohnt.

## 3 Nördlicher Storchschnabel Northern Geranium *Geranium erianthum (Geraniaceae)*

H 30–80 cm Juni—Anfang Aug.

**Merkmale** Behaarte Stauden; Erdsproß dick; Stengelbasis verholzend; Blätter gegenständig, handförmig geteilt, Abschnitte gezähnt; die grundständigen Blätter langgestielt; Stengelblätter sitzend; Blüten rotviolett, kurz gestielt, Blütenblätter doppelt so lang wie die stark behaarten Kelchblätter, 1–3 Blüten pro Blütenstand.

**Vorkommen** In Südalaska. In feuchten, offenen Wäldern, auf Wiesen, in Lawinenschneisen, an Straßenrändern.

**Wissenswertes** Im Südwesten Britisch Columbias ist der eingeführte europäische **Weiche Storchschnabel** *(Geranium molle)* weit verbreitet. Die Pflanze besitzt rosa Blüten, ist bis zu 40 cm groß und hat einen langbehaarten Stengel.

## 4 Seifenbeere Soapberry *Shepherdia canadensis (Elaeagnaceae)*

H 1–2 m Ende Mai–Juni

**Merkmale** Strauch; Äste bräunlich, junge Zweige mit rotbraunen Flecken; Blätter gegenständig, 2–6 cm lang, eiförmig, oberseits dunkelgrün, unterseits pelzig-weiß; Blüten gelbbraun, 1–2 mm groß, unscheinbar, zweihäusig, in Gruppen an Zweigen; Blütezeit vor Öffnung der Blätter.

**Vorkommen** In Alaska und Westkanada, fehlt vielerorts an der Küste. In offenen Wälder, auf Kiesbänken.

**Wissenswertes** Seifenbeeren sind insbesondere auf Kiesbänken entlang von Flüssen weit verbreitet und bilden dort dichte Gebüsche. Von vielen Indianern werden sie noch heute gesammelt. Sie stellen daraus die etwas bittere Indianer-Eiscreme her. Hierzu werden die Beeren in eine Schüssel mit gleicher Menge Wasser gegeben und geschlagen, bis man eine schaumige Paste erhält. Seifenbeeren spielen auch eine große Bedeutung für die Ernährung der Grizzlies. Das Durchstreifen eines Seifenbeeren-Gebüsches ist daher nicht ganz ungefährlich. Der seifige Geschmack beruht auf dem hohen Fettgehalt der Beeren.

1

2

3

4

## 1 **Kanadischer Hartriegel** Bunchberry *Cornus canadensis (Cornaceae)*

H 5–25 cm Juni–Aug.

**Merkmale** Niedrige Staude; Stengel holzig an der Basis, sehr leicht behaart; Blätter 2–8 cm lang, elliptisch, ganzrandig, gestielt, immergrün, 4–7 stehen in einem Endwirtel zusammen, unterhalb der Endwirtel zumeist 2 gegenständige, blattartige Tragblätter; Blüten klein und weiß, 4 Kelch- und 4 Blütenblätter, in Dolden, umgeben von 4 weißen Tragblättern; Frucht eine rote Beere.

**Vorkommen** In ganz Westkanada und Alaska mit Ausnahme der Arktis. In feuchten Nadel- und Mischwäldern, auf Lichtungen und Wiesen, auf der Tundra.

**Wissenswertes** Der kanadische Hartriegel gehört zu den kleinsten Vertretern seiner Gattung. Bei den meisten Hartriegelgewächsen handelt es sich um Büsche oder kleine Bäume. Der Bestäubungsmechanismus des Kanadischen Hartriegels ist ungewöhnlich. Die Blütenblätter der voll entwickelten, aber noch geschlossenen Blüten öffnen sich schlagartig, ausgelöst durch einen kleinen Fortsatz an einem der Blütenblätter. Hierbei wird der ganze Pollen gleichzeitig in die Luft geschleudert. In Südost-Alaska und insbesondere im Prince William Sound kommt auch der **Schwedische Hartriegel** *(Cornus suecica)* vor, der im Unterschied zum Kanadischen Hartriegel zwei Paar gegenständiger Tragblätter unterhalb des Endwirtels besitzt und dessen Einzelblüten dunkel-purpurn sind. Die Pflanze wächst sowohl im Tiefland als auch auf Gebirgswiesen.

## 2 **Einblütiges Wintergrün** Single Delight *Moneses uniflora (Pyrolaceae)*

H 5–10 cm Mai–Aug.

**Merkmale** Zarte, immergrüne Staude; Stengel an sehr schlankem Erdsproß; Blätter überwiegend grundständig, 1–3 cm lang, rundlich bis eiförmig, gezähnt, dünn, langgestielt; Blüten einzeln, weiß, 1,5–2,5 cm groß, nickend.

**Vorkommen** In ganz Westkanada und Alaska außer in der Hocharktis. In feuchten Nadelwäldern mit moosigem Untergrund.

**Wissenswertes** Manche Indianerstämme sammelten die Pflanze im Sommer. Die Stengel des Wintergrüns wurden entfernt und die vegetativen Teile in kochendes Wasser geworfen. Der resultierende Tee wurde zur Behandlung vieler verschiedener Beschwerden getrunken. Hierzu gehörten Erkältungskrankheiten, Pocken und Krebs. Zudem sprach man dem Tee die Fähigkeit zu, einem besondere Kräfte zu verleihen. Die Kwakwaka'wakw, die im Norden Vancouver Islands und auf dem gegenüberliegenden Festland leben, benutzten die Pflanze, um daraus einen Umschlag gegen Schwellungen und Gliederschmerzen zu gewinnen. Die Blätter des Wintergrüns enthalten Säuren, die sich als wirkungsvoll bei der Behandlung von Ausschlägen erwiesen haben.

## 3 **Großblättriges Wintergrün** Large-flowered Wintergreen *Pyrola grandiflora (Pyrolaceae)*

H 20–30 cm Juni–Juli

**Merkmale** Kahle, kriechende Staude; Stengel kurz, an einem schlanken Erdsproß; Blätter grundständig, langgestielt, 3–5 cm lang, fleischig, immergrün und rundlich; Blüten weiß bis grün-weiß, schalenförmig, 1–2 cm groß, nickend, an Ährentrauben.

**Vorkommen** Von Alaska über das Yukon Territory und die Northwest Territories bis ins nördliche British Columbia. An trockenen Standorten auf der Tundra und im Gebirge.

**Wissenswertes** Der wissenschaftliche Gattungsname des Wintergrüns, *Pyrolia*, stammt vom lateinischen Wort für Birne „pyrus“ ab. Diese Namensgebung beruht auf den birnenförmigen Blättern vieler Wintergrün-Arten. Ursprünglich wurde der Name Wintergrün auf die verschiedenen Efeus angewandt. Erst später übertrug man ihn auf die *Pyrolaceae*, eine Pflanzenfamilie, deren Vertreter, soweit sie Blätter besitzen, immergrün sind. Einige Arten verzichten auf jegliches Laub und beziehen die lebensnotwendigen Nährstoffe aus der Humusschicht des Waldes. Wintergrün-Arten sind weit verbreitet in Nordamerika. In British Columbia ist das **Kleine Wintergrün** *(Pyrola minor)* häufig. Diese Blume ist bis zu 20 cm groß, hat grundständige, eiförmige, fein gezähnte Blätter, weiße bis rosafarbene Blüten und wächst an moosigen Stellen in Nadelwäldern.

1

2

3

## 1 **Krähenbeere** Crowberry *Empetrum nigrum (Empetraceae)*

H 10–30 cm Mai–Anfang Juni

**Merkmale** Niedriger, kriechender, immergrüner Zwergstrauch; Blätter wechselständig oder wirtelig, nadelförmig, 3–7 mm, glänzend dunkelgrün, Rand eingerollt; Blüten rot, unauffällig, 1–2 mm, zu zweit oder dritt in einer Blattachsel; Pflanze häufig zweihäusig, Frucht kugelige, schwarze Beere.

**Vorkommen** In ganz Alaska und Westkanada. In Sümpfen, in Mooren, auf der Tundra, an felsigen Berghängen, von Meeresniveau bis in alpine Regionen.

**Wissenswertes** Krähenbeeren sind saftig. Ihr Geschmack ist allerdings nicht jedermanns Sache. Sie werden von vielen Inuit in der Arktis gegessen. Die Haida aßen sie in kleinen Mengen. Sie glaubten aber, daß die Beeren Blutungen verursachen, wenn man zu viele von ihnen verzehrt, was den Genuß einschränkte.

## 2 **Alpen-Bärentraube** Black Bearberry *Arctostaphylos alpina (Ericaceae)*

H bis 12 cm April–Juni

**Merkmale** Niederliegender, dicht verzweigter Zwergstrauch; Zweige unbehaart; Blätter dick, scharf gezähnt, umgekehrt eiförmig, am Grund keilförmig, behaart, sommergrün, leuchtend rote Herbstfärbung; Blüten grünlich-weiß, glockenförmig; Frucht eine Anfangs rote, später schwarzblaue Beere.

**Vorkommen** In Alaska, dem Yukon Territory und im nördlichen British Columbia. Trockene Standorte auf der Tundra und in Heidegebieten.

**Wissenswertes** Trotz ihres Namens stehen Bärentrauben auf dem Speisezettel der Grizzlies nicht an oberer Stelle. Die Beeren sind leicht säuerlich. Aber geschmackliche Komponenten spielen bei der Nahrungswahl der Bären meist keine größere Rolle. Der Grund für die geringe Popularität ist in erster Linie darin zu suchen, daß die Beeren nicht ausreichend dicht stehen. Auf vergleichbarer Fläche wachsen deutlich mehr Heidelbeeren als Bärentrauben, wodurch erstere als Nahrung wesentlich attraktiver sind.

## 3 **Rote Bärentraube** Red Bearberry *Arctostaphylos rubra (Ericaceae)*

H bis 14 cm April–Juni

**Merkmale** Niederliegender Zwergstrauch; Zweige unbehaart; Blätter lang und schmal, schwach gezähnt, umgekehrt eiförmig, rote Herbstfärbung; Blüten cremigweiß, glockenförmig; Frucht eine saftige, rote Beere.

**Vorkommen** In Alaska, dem Yukon Territory, den Northwest Territories und im nördlichen British Columbia. In Mooren und auf der Tundra unterhalb der Baumgrenze.

**Wissenswertes** Die Beeren sind sowohl roh als auch gekocht eßbar.

## 4 **Immergrüne Bärentraube** Kinnikinnick *Arctostaphylos uva-ursi (Ericaceae)*

H bis 20 cm März–Juni

**Merkmale** Niederliegender, lang kriechender, mattenbildender Kleinstrauch; Zweige wurzelbildend; Rinde braunrot; Blätter wechselständig, ledrig, wintergrün, ganzrandig, beiderseits kahl, umgekehrt eiförmig, bis zu 3 cm lang, dunkelgrün; Blüten grünlich-weiß bis rosa, 5 mm groß, nickende Glocke; Frucht eine scharlachrote, mehlige Beere.

**Vorkommen** In ganz Alaska und Westkanada. An trockenen, sandigen, sonnigen Standorten, auf Hängen, auf Lichtungen und in offenen Wäldern.

**Wissenswertes** Die Blätter der Immergrünen Bärentraube fanden bei den Haida bei der Zubereitung eines harntreibenden Mittels Verwendung, das bei Nierenkrankheiten und Infektionen der Harnleiter und -blase verabreicht wurde. „Kinnikinnick" heißen sie bei den Algonquian Indianern Ostkanadas und bedeutet „Mischung zum Rauchen". In den letzten 200 Jahren wurden nachweislich die getrockneten Blätter der Bärentraube von verschiedenen Stämmen an der Westküste als Tabakersatz verwendet. Es gibt allerdings kaum Hinweise, daß diese Indianer bereits vor der Ankunft der Weißen rauchten. Tabak wurde, sobald er hier verfügbar war, vorgezogen. Einige streckten ihren Tabakvorrat allerdings, indem sie ihn mit Kinnikinnick-Blättern vermischten.

1

2

3

4

## 1 **Schuppenheide, Vierkantige Cassiope** Bell Heather *Cassiope tetragona (Ericaceae)*

H 10–30 cm Juni–Juli

**Merkmale** Niederliegender, mattenbildender Halbstrauch; Blätter gegenständig, schuppenartig, lanzettlich, einander deckend, Rücken tief gefurcht, in vier Zeilen; Blüten cremeweiß mit gelben Kelchblättern, glockenförmig, nickend.

**Vorkommen** In ganz Alaska und Westkanada außer entlang der Pazifikküste. In Heiden, auf der Tundra und im Gebirge.

**Wissenswertes** Schuppenheiden wachsen sehr langsam, weshalb man sie betrachten, aber nicht pflücken sollte. Manche Indianer haben die Zweige der Pflanze benutzt, um ein Färbemittel herzustellen. In der griechischen Mythologie wurde Cassiope ans Firmament als Teil eines Sternbildes gesetzt. Es wird spekuliert, daß die aus Entfernung wie Sterne erscheinenden Blüten verantwortlich sind für den Gattungsnamen.

## 2 **Grönländischer Porst** Labrador Tea *Ledum groenlandicum (Ericaceae)*

H 50–150 cm Juni–Aug.

**Merkmale** Immergrüner, reich verzweigter, stark duftender Strauch; Zweige dicht behaart; Blätter wechselständig, bis zu 6 cm lang, breit lanzettlich bis eiförmig, ledrig, oberseits dunkelgrün, unterseits dicht behaart, Ränder eingerollt; Blüten weiß, mit vorstehenden Staubblättern, klein, in reichen Dolden.

**Vorkommen** In ganz Alaska und Westkanada. In Hochmooren und moorigen Wäldern.

**Wissenswertes** Der Grönländische Porst ist eine Indikatorpflanze für nasse, meist sehr saure und nährstoffarme Böden. Die Blätter des Porst, in heißem Wasser aufgebrüht, ergeben einen aromatischen Tee, den man jedoch in Maßen genießen sollte. Eine hohe Teedosis wirkt sowohl stark harnfördernd als auch abführend mit der Tendenz, die Verdauung nachhaltig zu stören. Er soll auch beruhigend wirken. In manchen Indianerstämmen waren die Blätter als Mittel gegen Erkältungen und Halsschmerzen bekannt.

## 3 **Moosbeere** oder **Rauschbeere** Alpine Blueberry *Vaccinium uliginosum (Ericaceae)*

H 10–30 cm Mai–Juni

**Merkmale** Kriechender, mattenbildender, sommergrüner Zwergstrauch; Junge Zweige gelbgrün, behaart; alte Zweige rotgrau; Blätter wechselständig, 1–3 cm lang, schmal elliptisch bis eiförmig, ganzrandig, oberseits grün, unterseits blaß; Blüten blaßrosa, glockenförmig, 5–6 mm groß, 1–4 auf jedem Tragblatt; Frucht eine kugelige, blaue Beere, 5–10 mm groß, überzogen mit wachsigem Puder.

**Vorkommen** In ganz Alaska und Westkanada. In Mooren, in Heiden, auf der alpinen Tundra.

**Wissenswertes** Die süßen Beeren werden für Marmeladen und Kuchen verwendet. Für viele Indianer im Norden Kanadas und für die Eskimos war und ist die Moosbeere von großer Bedeutung für die Ernährung. Ein engagierter Biologe errechnete, daß Tiere am Tag bis zu 30.000 Rauschbeeren fressen.

## 4 **Preiselbeere** Low-bush Cranberry *Vaccinium vitis-idaea (Ericaceae)*

H 8–20 cm Juni–Juli

**Merkmale** Niederliegender, kriechender, immergrüner Zwergstrauch; Blätter derb, wechselständig, elliptisch, ganzrandig, oberseits dunkelgrün, unterseits hellgrün, am Rand umgerollt; Blüten **(4a)** weiß oder rötlich, 5–6 mm groß, glockenförmig, in nickenden Ständen von 3–6 Blüten; Frucht **(4b)** eine glänzend scharlachrote Beere.

**Vorkommen** In ganz Alaska und Westkanada außer im trockenen Landesinneren British Columbias. Auf sauren Böden, in Mooren, in Wäldern und auf Berghängen.

**Wissenswertes** Die Preiselbeeren reifen Ende August und im September. Sie werden für Marmeladen, Früchtebrote und Nachspeisen verwendet. In die Gattung *Vaccinium* gehört neben der Rauschbeere und der Preiselbeere auch die in British Columbia weit verbreitete, hoch begehrte, sogenannte **Black Huckleberry** oder **Amerikanische Heidelbeere** *(Vaccinium membranaceum)*.

1

2

3

4a

4b

## 1 Lapland-Diapensia Lapland Diapensia *Diapensia lapponica (Diapensiaceae)*

H bis 6 cm Juni–Anfang Juli

**Merkmale** Immergrüne Polsterstaude; Blätter gelbgrün, in Rosetten, ei- bis spatelförmig, ledrig, ganzrandig; Blüten weiß, kelchförmig, aus 5 verbundenen Blütenblättern, 10 mm groß, einzeln an kurzen Stielen.

**Vorkommen** In Alaska und dem Yukon Territory. Auf offenen Geröllhalden in der Arktis und im Gebirge.

**Wissenswertes** In Alaska, am Hatcher Pass nördlich von Anchorage, wurde eine Unterart der Lapland-Diapensia mit einer rosa Blütenhülle gefunden. Die Diapensiaceen sind eine sehr kleine Pflanzenfamilie mit 6 Gattungen und nur 20 Arten, die alle in arktisch-alpinen Gebieten auf der Nordhalbkugel vorkommen. In Alaska gedeihen sie bis in über 1.500 m Höhe.

## 2 Weißer Enzian Whitish Gentian *Gentiana algida (Gentianaceae)*

H 3–15 cm Juli–Aug.

**Merkmale** Rosettenstaude; Blätter gegenständig, gelbgrün, lineal-lanzettlich, ganzrandig; Blüte aufrecht, röhren- bis trichterförmig, 3–4 cm groß, weiß mit lilablauen Streifen.

**Vorkommen** In Zentralalaska und dem westlichen Yukon Territory. Auf Tundrawiesen und steinigen Hängen in Bergregionen.

**Wissenswertes** Die Enziane verdanken ihren Gattungs- und auch Familiennamen dem europäischen **Gelben Enzian** *(Gentiana lutea)*. Dieser wurde angeblich zu Ehren König Gentius von Illyrien, dem die Entdeckung der medizinischen Qualitäten des Gelben Enzians zugeschrieben wird, mit seinem wissenschaftlichen Vornamen bedacht. Die Wurzel des Gelben Enzians wurde und wird außerdem dazu verwendet, alkoholischen Getränken Geschmack zu verleihen. Die Indianer Nordamerikas nutzen hingegen keine Enzianart zur medikamentösen Behandlung.

## 3 Blaues Lungenkraut Tall Bluebells *Mertensia paniculata (Boraginaceae)*

H 20–150 cm Juni–Aug.

**Merkmale** Behaarte Staude; vielstengelig; grundständige Blätter langgestielt, eibis herzförmig; Stengelblätter wechselständig, kurzgestielt oder sitzend, lanzettlich, behaart, 3–15 cm lang; Blüten glockenförmig, blau, 9–19 mm groß, behaart, Blütenblätter verschmolzen.

**Vorkommen** In ganz Alaska und Westkanada. In feuchten Wiesen, in Wäldern und entlang von Flüssen und Bächen.

**Wissenswertes** Manche Botaniker rechnen die Mertensien der Gattung *Pulmonaria* zu, ein Name, der sich von dem lateinischen Wort „pulmo“, die Lunge, ableitet. Diesen Gattungsnamen verdanken die Pflanzen dem europäischen **Gemeinen Lungenkraut** *(Pulmonaria officinalis)*, einem kleinen Kraut mit gefleckten Blättern, dem man Heilkräfte bei Lungenkrankenheit zusprach. Im Englischen werden die Vertreter der Gattung *Mertensia* auch als Lungenwurz bezeichnet.

## 4 Götterblume Frigid Shooting Star *Dodecatheon frigidum (Primulaceae)*

H bis 25 cm Juni–Mitte Juli

**Merkmale** Staude; Wurzeln blaß, keine Knollenbildung, Stengel unbehaart oder sehr schwach behaart; Blätter in grundständiger Rosette, 3–20 cm lang, eiförmig, am Stiel abrupt schmaler werdend, Rand wellig, Blüten tiefrot bis lavendelfarben, 10–15 mm groß, Blütenblätter nach hinten umgebogen, an der Basis in einen gelben Kragen vereint. 5 Staubblätter, Filamente zu einer gelblichen bis orangefarbenen Röhre vereint, Staubbeutel rot und aus der Röhre herausragend; aufrechte, zylindrische Kapselfrucht.

**Vorkommen** Von Alaska über das Yukon Territory bis ins nördliche British Columbia. Auf Wiesen und auf der Tundra.

**Wissenswertes** Bei den Götterblumen erfolgt die Bestäubung auf akustischer Basis. Die Staubbeutel geben ihren Pollen in die Staubblattröhre ab. Von dort werden sie durch die Schwingungen, die das Brummen einer Hummel auslöst, ausgestreut. Der englische Name „Shooting Star“ beschreibt die Form der Blüte. Wie der Schweif einer Sternschnuppe stehen die Blütenblätter hinter den nach vorne gerichteten Staubblättern.

1

2

3

4

## 1 Gemeines Leinkraut Common Toadflax, Butter and Eggs *Linaria vulgaris (Scrophulariaceae)*

H 30–90 cm Juni–Sept.

**Merkmale** Vielstengelige Staude; Erdsproß kriechend; übelriechend; Blätter lineal bis schmal-lanzettlich, wechselständig, ganzrandig und stiellos; Blüten gelb mit orangefarbenen Lippen, lang-gespornt, 2,5–3,3 cm groß, in dichten, endständigen Trauben; Kapselfrucht.

**Vorkommen** In Südkanada, vereinzelt auch weiter nördlich bis Alaska. Auf Äckern, auf Wiesen, in Gärten, entlang von Straßen.

**Wissenswertes** Das Gemeine Leinkraut ist ein europäisches Unkraut, das in Nordamerika eingeführt wurde und heute über den ganzen Kontinent verbreitet ist. Sein Vormarsch geht unvermindert weiter. In Südkanada ist es häufig. Weiter im Norden beschränkt sich sein Verbreitungsgebiet auf die nähere Umgebung von Ortschaften. Inzwischen wächst es sogar in Alaska wie z.B. um Anchorage, im Matanuska-Tal, um Fairbanks und auf der Kenai Peninsula.

## 2 Roter Fingerhut Common Foxglove *Digitalis purpurea (Scrophulariaceae)*

H 50–180 cm Juni–Juli

**Merkmale** Meist zweijährig; Stengel aufrecht, dicht belaubt, behaart; Blätter wechselständig, eiförmig bis lanzettlich, 15–40 cm lang, am größten an der Stengelbasis, grob gezähnt, oberseits grün und weichbehaart, unterseits grau und wollig; Blüten röhren- bis glockenförmig, 4–6 cm groß, rosapurpurn, innen mit dunkelpurpurnen Punkten, an dichten, einseitigen Ährentrauben.

**Vorkommen** Im südlichen British Columbia, vereinzelt entlang der Küste bis nach Südost-Alaska. Auf Äckern, entlang von Waldrändern, zumeist in tieferen Lagen.

**Wissenswertes** Der Fingerhut ist um Ortschaften häufig. Die Pflanze wurde von Europa nach Westkanada eingeführt. Sie enthält herzwirksame Glycoside, die hochgiftig sind. Das Medikament Digitalis wurde aus Glycosiden des Fingerhutes entwickelt. Die Pflanze stellt potentiell eine Gefahr für Vieh dar, wird aber von den Tieren nur selten gefressen. Wird sie aber versehentlich getrocknet ein Bestandteil des Heus, kann dies tödliche Konsequenzen haben.

## 3 Gewöhnliche Kastillea Common Red Paintbrush *Castilleja miniata (Scrophulariaceae)*

H 20–80 cm Mai–Sept.

**Merkmale** Staude; vielstengelig, Stengelbasis verholzend; Stengel meist behaart; Blätter linear bis lanzettlich, spitz zulaufend, ganzrandig, behaart; Blüten grünlich, unscheinbar, meist versteckt zwischen mehreren leuchtend roten, behaarten Tragblättern.

**Vorkommen** In Südost-Alaska, British Columbia und Alberta. Vom Tiefland bis ins Gebirge, in offenen Wäldern, auf Lichtungen, auf Sand- und Kiesbänken, auf Wiesen, auf Salzgrasebenen.

**Wissenswertes** Im Englischen werden die Kastillea-Arten als Paintbrush oder Pinsel bezeichnet, da der farbige Blütenstand der Blume an einen in Farbe getauchten Pinsel erinnert. Der Blütenstand wird häufig für die Blüte selber gehalten. Bei den farbigen Blättern handelt es sich allerdings um Tragblätter, in deren Achseln sich die kleinen, unscheinbaren Blüten befinden.

## 4 Gelbe Kastillea Yellow Paintbrush *Castilleja caudata (Scrophulariaceae)*

H 25–35 cm Juni–Anfang Aug.

**Merkmale** Staude; vielstengelig, Stengelbasis verholzend; Stengel meist behaart, im Alter rötlich; Blätter lang, linear bis lanzettlich, spitz zulaufend, ganzrandig, behaart; Blüten gelbgrün, unscheinbar, meist versteckt zwischen mehreren gelben oder cremefarbenen, behaarten Tragblättern; Kapselfrucht.

**Vorkommen** In Alaska, dem Yukon Territory und den Northwest Territories, fehlt in Südalaska und im südlichen Yukon Territory. Entlang von Wasserläufen, auf Wiesen und auf der Tundra.

**Wissenswertes** Kastillea-Arten parasitieren an anderen Pflanzen. Einen Teil ihres Nährstoffbedarfs decken sie, indem sie die Wurzeln artfremder Nachbarn anzapfen.

1

2

3

4

## 1 **Wolliges Läusekraut** Woolly Lousewort *Pedicularis kanei (Scrophulariaceae)*

H bis 25 cm Mai–Juni

**Merkmale** Behaarte Staude; Stengelbasis verholzend; Wurzeln dick, Stengel kräftig, dicht behaart; Blätter überwiegend grundständig, dick, langgestielt, dunkelgrün, gefiedert, Fiedern gezähnt, junge Blätter pupurn; die wenigen Stengelblätter wechselständig, reduziert; Blüten rosa bis lila, 2lippig mit offenem Schlund, Oberlippe helmförmig gekrümmt und ohne Haken; Blüten in dichten, stark behaarten Trauben.

**Vorkommen** Von Alaska über das Yukon Territory und die Northwest Territories bis nach British Columbia und auf die Queen Charlotte Islands. Auf der Trockentundra, an steinigen Hängen in Gebirgslagen.

**Wissenswertes** Der Name Wolliges Läusekraut bezieht sich auf den dichten, langen Blütenstand, der stark behaart ist und weiß-wollig erscheint. Die Blüten des **Arktischen Läusekrauts** *(Pedicularis langsdorfii)* sind ebenfalls rosa bis lila gefärbt. Als Unterscheidungsmerkmal dient die fast völlig fehlende Behaarung beim Arktischen Läusekraut. Zudem besitzt der Helm der Blüte einen Haken.

## 2 **Braunspitziges Läusekraut** Oeder's Lousewort *Pedicularis oederi (Scrophulariaceae)*

H 5–25 cm Juni–Juli

**Merkmale** Behaarte Staude; Stengelbasis verholzend; Wurzeln dick und gelblich; Stengel kräftig; Blätter überwiegend grundständig, dick, dunkelgrün, gefiedert; Fiedern gelappt; Stengelblätter wechselständig, reduziert; Blüten gelb mit braunspitziger, helmförmig gerkümmter Oberlippe; Blüten in dichten, kurzen Trauben.

**Vorkommen** In Alaska, dem westlichen Yukon Territory, British Columbia und auf den Queen Charlotte Islands. Auf der Tundra, an steinigen Hängen in Gebirgslagen.

**Wissenswertes** Man glaubte, daß Vieh, welches auf Wiesen mit Läusekrautbewuchs weidete, von Läusen heimgesucht würde. Läusekraut wächst auf nährstoffarmen Böden. Die Tiere waren dadurch schlecht genährt und kränklich und so anfällig für den Läusebefall.

## 3 **Nördlicher Sommerwurz** Northern Ground Cone *Boschniakia rossica (Orobranchaceae)*

H bis 40 cm Juni

**Merkmale** Bräunliche, parasitische Staude; Blätter schuppenartig, breit, gelblich bis lila, überlappend; Blüten rotbraun, bis 1,5 cm groß, zweilippig, Oberlippe zweilappig, Unterlippe dreilappig; eiförmige, vielsamige Kapselfrucht.

**Vorkommen** In ganz Alaska und Westkanada außer in Alberta und im östlichen British Columbia. Vor allem unter Erlen entlang Wiesenrändern, in Lawinenschneisen und entlang Wasserläufen.

**Wissenswertes** Diese Sommerwurzart ist ein Parasit, der vor allem an der **Sitkaerle** *(Alnis crispa)* schmarotzt, gelegentlich aber auch an Weiden, Birken und Fichten. Grizzlies schlagen sich manchmal den Magen mit diesen fleischigen Pflanzen voll.

## 4 **Vielstrahlige Goldrute** Northern Goldenrod *Solidago multiradiata (Asteraceae)*

H 5–40 cm Juni–Sept.

**Merkmale** Staude; Stengel einzeln, behaart unterhalb des Blütenstandes; die unteren Blätter bis zu 15 cm lang, lanzettlich, gezähnt, Blattstiel an Rändern behaart; Blätter nach oben kleiner werdend, oben ungestielt; Blütenköpfe 1,5–2 cm groß, in verzweigten Blütenständen; Rand- und Scheibenblüten gelb.

**Vorkommen** In ganz Alaska und Westkanada. Auf der Tundra, an Felsgraten, auf grasigen Hängen, auf Kiesbänken, auf Wiesen und zum Teil in trockenen, offenen Wäldern.

**Wissenswertes** Die Vielstrahlige Goldrute ist weit verbreitet in Nordamerika. In Westkanada und Alaska gehört sie zu den häufigsten Blumenarten im Gebirge und auf der Tundra. Nur entlang der Küste ist sie selten. Es wird vermutet, daß die Kreuzfahrer Goldruten mit sich in die Schlacht trugen. Während der amerikanischen Revolution dienten die Blätter der Goldruten als Ersatz für den stark besteuerten englischen Tee.

1

2

3

4

## 1 **Gemeiner Schneeball** High Bush Cranberry *Viburnum edule (Caprifoliaceae)*

H 50–300 cm Juni

**Merkmale** Laubwerfender, aufrechter Strauch; Rinde rötlich bis grau und glatt; Blätter gegenständig, 5,5–10 cm lang, rundlich, 3gelappt, scharf gezähnt, unterseits behaart, leuchtend rote Herbstfärbung; Blüten weiß, 1–3 cm groß, in Scheindolden; Frucht rote Beere, sauer, eßbar, 1–1,5 cm.

**Vorkommen** In ganz Alaska und Westkanada mit Ausnahme der Hocharktis. In feuchten Wäldern und in Dickichten, entlang von Feuchtgebieten in tiefen und mittleren Lagen.

**Wissenswertes** Außer im Herbst, wenn sich das Laub des Schneeballs leuchtend rot färbt, wird die Pflanze aufgrund ihres unscheinbaren wenn auch hochgeschossenen Wuches gerne übersehen. Insgesamt kommen in Nordamerika 15 Arten der Gattung *Viburnum* vor, deren Beeren eine wichtige Nahrungsquelle für viele Tiere und den Menschen sind. Die Beeren spielten trotzt ihres sauren Geschmacks in der Ernährung der Indianer eine große Bedeutung. Sie wurden vom Sommer bis in den Winter hinein gesammelt und in Holzkisten aufbewahrt. Solche Behälter gefüllt mit den Beeren des Schneeballs besaßen einen hohen Prestigewert als Geschenk. Die Beeren gehörten bei wichtigen Anlässen häufig zum Festtagsmenü. Sie werden auch heute noch gerne gegessen. Die überreifen Beeren und das alte Laub strömen im Spätherbst einen muffigen Geruch aus.

## 2 **Nordisches Moosglöckchen** Twinflower *Linnaea borealis (Caprifoliaceae)*

H bis 10 cm Juni–Sept.

**Merkmale** Immergrüner, kriechender, leicht behaarter Halbstrauch; Blätter gegenständig, 6–25 mm, breit elliptisch, leicht gezähnt, oberseits dunkelgrün, unterseits blasser; Blüten weißrosa und glockig, 2–9 mm groß, paarweise an langen Stielen, nickend, duftend.

**Vorkommen** In ganz Alaska und Westkanada. In Wäldern, Gebüschregionen, auf der Feuchttundra, entlang von felsigen Küstenstrichen.

**Wissenswertes** Die Moosglöckchen der Gattung *Linnaea* produzieren eines der am stärksten duftenden, natürlichen Parfüme in den Wäldern Westkanadas. Diese Art war angeblich die Lieblingsblume des schwedischen Vaters der Systematik Carolus Linnaeus und wurde daher von seinem Gönner Gronovius nach ihm benannt. Das Nordische Moosglöckchen ist in verschiedenen Unterarten von den Alpen über Rußland bis nach Ostkanada verbreitet. Es ist eine beliebte Pflanze in Gärten, in denen versucht wird, mit Wildblumen eine Zone freier Natur rund ums Haus zu schaffen.

## 3 **Rundblättrige Glockenblume** Common Harebell *Campanula rotundifolia (Campanulaceae)*

H 10–80 cm Juni–Sept.

**Merkmale** Behaarte Staude; ein- bis mehrstengelig; Stengel aufsteigend, zierlich; grundständige Blätter gestielt, oval bis herzförmig, verwelkend vor Blütezeit; die oberen Blätter wechselständig, schmal lanzettlich und ungestielt; Blüten lilablau, glockenförmig, nickend, 1,3–2,5 cm groß, meist einzeln; Kapselfrucht.

**Vorkommen** In Südalaska, dem südlichen Yukon Territory, den südlichen Northwest Territories, in British Columbia und Alberta. Auf Wiesen und steinigen Hängen von Meereshöhe bis in mittlere Gebirgslagen.

**Wissenswertes** Die Haida von den Queen Charlotte Islands in British Columbia nennen die Rundblättrige Glockenblume Blaue Regenblume. Kinder wurden gewarnt, sie nicht zu pflücken, da es andernfalls anfangen würde zu gießen. Der englische Name Harebell, Hasenglocke, hat vermutlich seinen Ursprung im Hexenglauben. Von Hexen nahm man an, daß sie sich mit Hilfe der Blume in Hasen verwandeln könnten. In Schottland wird die Blume auch als Hexen-Fingerhut bezeichnet. Warum die Blume mit Hexen in Verbindung gebracht wurde, ist nicht überliefert. Der lateinische Gattungsname *Campanula* bedeutet Glöckchen. In die Familie der Glockenblumen gehören insgesamt 60 bis 70 Gattungen mit etwa 2.000 Arten weltweit. Heilpflanzen findet man sowohl in der Gattung *Campanula* als auch in der Gattung *Lobelia*.

1

2

3

## 1 Gemeine Schafgarbe Northern Yarrow *Achillea borealis (Asteraceae)*

H 10–100 cm März–Okt.

**Merkmale** Behaarte, aromatische Staude; Blätter wechselständig, 2–3fach fein gefiedert, Grundblätter gestielt, oberseits behaart, dunkelgrün; Blüten in Köpfen; die meist 5 Randblüten weiß bis rosa; Scheibenblüten 10–30, cremefarben, 4–6 mm groß; Blütenköpfe zahlreich, in Trugdolden.

**Vorkommen** In ganz Alaska und Westkanada. Auf Wiesen, auf Kiesbänken, an steinigen Hängen, zum Teil in offenen Wäldern.

**Wissenswertes** Die Pflanze ist auch unter dem wissenschaftlichen Namen *Achillea millefolium* bekannt. Die Schafgarbe hatte als Heilpflanze ein weites Verwendungsgebiet bei den Ureinwohnern Westkanadas und Alaskas. Die Haida benutzten sie in einem Umschlag; die Tsimshian kannten ein Schafgarbe-Gurgelwasser zur Behandlung von Halsschmerzen; die Nuxalk bekämpften mit ihr Bronchitis, die Snohomish Durchfall, und die Songish Kopfschmerzen.

## 2 Arktischer Aster Arctic Aster *Aster sibiricus (Asteraceae)*

H bis 35 cm Juni–Aug.

**Merkmale** Behaarte Staude; Stengel an langem, verzweigtem Erdsproß wachsend; Blätter wechselständig, behaart, lanzettlich, leicht gezähnt; Randblüten violett, Scheibenblüten gelblich.

**Vorkommen** In Alaska und Westkanada, fehlt weitgehend entlang der Küste Südalaskas und British Columbias. An steinigen Hängen, auf Kiesbänken, auf der Tundra, auf Wiesen und in Wäldern.

**Wissenswertes** In geschützten Lagen wird der Arktische Aster bis zu 35 cm groß und besitzt meist mehrere Blütenköpfe pro Stengel. An ausgesetzten Standorten und hoch im Norden stehen die Blütenköpfe in der Regel einzeln und werden kaum größer als 10 cm. Astern ähneln den Berufskräutern. Letztere besitzen aber generell kleinere Blütenköpfe, die im Unterschied zu den Astern mehrere Reihen von Randblüten aufweisen.

## 3 Arnika Frigid Arnica *Arnica frigida (Asteraceae)*

H bis 30 cm Juni–Juli

**Merkmale** Aromatische Staude; Stengel einzeln, behaart; Blätter überwiegend grundständig, gegenständig, oval, kurzgestielt, Rand wellig, meist ganzrandig, obere Blätter meist sitzend, schmal und klein; Blütenköpfe groß und gelb, einzeln.

**Vorkommen** In Alaska, dem Yukon Territory und den Northwest Territories. An trockenen, steinigen Standorten.

**Wissenswertes** Murmeltiere und Erdhörnchen fressen mit Begeisterung die Blumenköpfe der Arnika. Die Einnahme von Arnika führt zum Anstieg der Körpertemperatur. Bei äußerer Anwendung wirken die Pflanzen entzündungshemmend. Obwohl Arnika sowohl in Europa als auch in Nordamerika in vielen Gebieten ein fester Bestandteil der Kräuterheilkunde war, existieren keinerlei Berichte in schriftlicher Form, daß die Pflanze bei den Ureinwohnern Westkanadas Verwendung fand.

## 4 Küstenberufskraut Coastal Fleabane, Supalpine Daisy *Erigeron peregrinus (Asteraceae)*

H 10–70 cm Mai–Sept.

**Merkmale** Behaarte Staude; Stengel einzeln, unverzweigt; Grundblätter lineal oder lanzettlich, zum Stiel schmaler werdend, oberen Blätter manchmal stengelumfassend oder stark reduziert; Blütenköpfe einzeln oder zu mehreren, Randblüten rosa, violett oder lila, manchmal weißlich, Scheibenblüten gelblich.

**Vorkommen** In Südalaska und im westlichen British Columbia. Auf Feuchtwiesen, entlang von Wasserläufen und in offenen Wäldern von mittleren bis in höhere Lagen.

**Wissenswertes** Das Küstenberufskraut ist auf subalpinen Wiesen im westlichen British Columbia eine der charakteristischen Blumen. Der englische Name „Fleabane", Flohfluch, wurde ursprünglich einem europäischen Vertreter der Gattung *Erigon* verliehen, von dem man überzeugt war, daß er Flöhe vertreiben würde, wenn man die getrocknete Pflanze im Haus aufhängt.

1

2

3

4

## 1 Sibirische Schwertlilie Wild Flag *Iris setosa (Iridaceae)*

H bis 70 cm Mai–Juli

**Merkmale** Vielstengelige Rhizomstaude; Stengel häufig verzeigt; Blätter lang, meist über 1 cm breit, schwertförmig; Blüten blau mit dunklen Adern, die äußeren 3 Blütenhüllblätter 5–6 cm lang und ausladend, die inneren 3 Blütenhüllblätter 2 cm lang und spitz zulaufend; Blüten einzeln oder zu zweit; eiförmige Kapselfrucht.

**Vorkommen** Entlang der Küste Süd- und Westalaskas. In Feuchtwiesen, an deren Rändern und an Seeufern.

**Wissenswertes** Die Schwertlilie, insbesondere der Erdsproß, ist hochgiftig. Der Gattungsname *Iris* kommt aus dem Lateinischen und bedeutet „Regenbogen", eine Anspielung auf die unterschiedlichen Farbschattierungen der Schwertlilie. Die Ureinwohner Nordamerikas haben häufig Blätter der Schwertlilien bei der Herstellung von Fallstricken verwendet. Wie ein früher Entdecker beschrieb, waren diese Schnüre „dünn wie der kleine Finger, konnten aber dem stärksten Ochsen Widerstand leisten".

## 2 Gemeiner Bärenklau Cow Parsnip *Heracleum lanatum (Apiaceae)*

H 1–3 m April–Sept.

**Merkmale** Sehr große, behaarte Staude; Stengel einzeln, belaubt, hohl, scharf riechend; Blätter 10–40 cm lang, 3zählig gefiedert, Fiedern handförmig gelappt, gezähnt, junge Blätter behaart, die oberen Blätter häufig einfacher; Blüten weiß, klein, in großen flachen Dolden mit 15–40 Strahlen; Frucht ei- bis herzförmig, 7–12 mm groß.

**Vorkommen** In Alaska und Westkanda, fehlt nördlich des Yukon Rivers und der Mackenzie Mountains. Entlang der Ufer von Fließgewässern, auf feuchten Hängen, auf Lichtungen, in Feuchtgebieten, auf Wiesen, in Dickichten und auf Lawinenschneisen, vom Tiefland bis in die Hochlagen.

**Wissenswertes** Der Gemeine Bärenklau ist auch bekannt unter dem wissenschaftlichen Namen *Heracleum spondylium*. Die Pflanze fand bei den Indianern als Gemüse Verwendung. Man sollte beim Sammeln vorsichtig sein, da sie mit hochgiftigen Arten wie dem **Wasserschierling** *(Cicuta douglasii)* verwechselt werden kann.

## 3 Giftsumach Poison Ivy *Rhus radicans (Anacardiaceae)*

H bis 2 m Mai–Juli

**Merkmale** Verholzte, zweihäusige Ranke oder Strauch; Blätter 3zählig gefiedert, lang gestielt; Blüten 6 mm groß, grünweiß bis cremefarben, in lockeren Rispen.

**Vorkommen** Im Okanagan Valley und auf Vancouver Island in British Columbia. Schwemmland entlang von Flüssen und Bächen, entlang von Seen und auf Sanddünen.

**Wissenswertes** Auch der kleinste Tropfen Pflanzensaft des Giftsumachs verursacht bei den meisten Menschen starke, juckende Ausschläge. In schweren Fällen kommt es zu Blasenbildung auf der Haut, die Infektionen nach sich ziehen kann.

## 4 Igelkraftwurz Devil's Club *Oplopanax horridus (Zingiberaceae)*

H 1–3 m Juni–Aug.

**Merkmale** Stachelbewehrter Strauch; Zweige dick, verwunden, nahezu unverzweigt, mit vielen, großen, bis 1 cm langen Stacheln bewehrt; Rinde dünn, hellbraun; Blätter wechselständig und bis zu 35 cm groß, 7–9 lappig, Lappen stark gezähnt, unterseits dicht mit Stacheln besetzt; Blüten klein, grünweiß, in dichten Trauben; Frucht eine rote Beere.

**Vorkommen** In Südalaska und im westlichen British Columbia. In feuchten Wäldern.

**Wissenswertes** Die Beeren des Igelkraftwurz sind nach menschlichen Maßstäben ungenießbar. Bären sind in dieser Hinsicht anderer Meinung und vertilgen die roten Früchte mit Begeisterung. Der Igelkraftwurz ist eine häufige Unterwuchspflanze in den Wäldern entlang der gesamten Westküste und machen jedes Abkommen vom Weg bei Wanderungen zur Qual. Vielerorts gibt es kein Durchkommen. Der Mythos, daß die Stacheln giftig seien, hält sich hartnäckig, entbehrt aber jeglicher Grundlage.

1

2

3

4

## 1 Pazifische Eibe Western Yew *Taxus brevifolia* *(Taxaceae)*

H 2–15 m Febr.–März

**Merkmale** Ein immergrüner Busch oder kleiner Baum; Stammdurchmesser bis zu 30 cm; Stamm häufig gedreht und gerillt; Rinde rötlich, papierartig und schuppig; Nadeln bis zu 3 cm lang, abgeflacht, oberseits blaßgrün, spitz zulaufend, in zwei Reihen angeordnet **(1b)**; zweihäusig; männliche Zapfen klein, gelb; Same einzeln, fast vollständig von rotem, fleischigem Samenmantel umgeben; Same giftig.

**Vorkommen** Im äußersten Südosten Alaskas sowie an der Küste und im Südosten British Columbias. Im Schatten von Waldriesen in feuchten Nadelwäldern, entlang von Bächen und in Schluchten.

**Wissenswertes** Das widerstandsfähige, feste Holz der Eibe war unter den Ureinwohnern eine begehrtes Handelsobjekt. Paddel, Bögen und Pfähle wurden aus ihm hergestellt. Es ist hervorragend geeignet für Schnitzereien. Blätter und Beeren der Pflanze sind hochgiftig. Der Verzehr kann zum Tode führen.

## 2 Westliche Rotzeder Rocky Mountain Juniper *Juniperus scopulorum* *(Cupressaceae)*

H 6–15 m März–April

**Merkmale** Ein immergrüner Baum; Stamm gerade, Durchmesser bis zu 50 cm; spitz zulaufende Krone; Rinde rotbraun und faserig; Blätter aromatisch, gegenständig, schuppenförmig, 1,5 mm lang, mit schlanken, vierkantigen Zweigen; Zapfen etwa 6 mm groß und beerenartig.

**Vorkommen** In British Columbia auf der Ostseite von Vancouver Island und im südlichen Landesinnern. In trockenen, felsigen Habitaten.

**Wissenswertes** Das aromatische Holz der Rotzeder wird insbesondere bei der Herstellung von Truhen verwendet. Zahlreiche Tierarten verzehren die Beeren dieser Wacholderart. In der europäischen Küche finden sie Verwendung als Gewürz.

## 3 Amerikanischer Erdbeerbaum oder Arbutus Arbutus *Arbutus menziesii* *(Ericaceae)*

H max. 30 m April–Mai

**Merkmale** Ein kleiner bis mittelgroßer Hartlaubbaum; Rinde zu Anfang gelbgrün, später rotbraun, schält ab **(3b)**; Blätter wechselständig, immergrün, ledrig, elliptisch, ganzrandig, bis zu 15 cm lang, oberseits dunkelgrün, unterseits weiß-grün; Blüten weiß, urnenförmig, 6–7 mm, in Trauben; orangerote Beeren **(3a)**.

**Vorkommen** Im südwestlichen British Columbia. An trockenen, sonnigen Standorten.

**Wissenswertes** Der Indianerstamm der Saanich von der Olympic Peninsula verwendete einen Sud, der aus der Rinde und den Blättern des Erdbeerbaumes hergestellt wurde, um Erkältungskrankheiten und Magenprobleme zu behandeln. Arbutusrinde war auch Bestandteil eines Heilmittels gegen Tuberkulose.

## 4 Salal Salal *Gaultheria shallon* *(Ericaceae)*

H 0,2–5 m Mai–Juli

**Merkmale** Ein kriechender oder aufrechter immergrüner Strauch; Stamm behaart; Blätter wechselständig, ledrig, eiförmig bis ellyptisch, 5–10 cm lang, gezähnt; Blüte weiß oder rosa, 7–10 mm groß, Traube mit 5–15 Einzelblüten; Frucht rotblau bis dunkellila, 6–10 mm lang und eßbar.

**Vorkommen** In Südost-Alaska und an der Westküste British Columbias. In Nadelwäldern in tiefen und mittleren Lagen, an Felsklippen, entlang der Küste.

**Wissenswertes** Salal gehört zu den häufigsten Unterwuchspflanzen in den Wäldern entlang der Westküste Nordamerikas. An verhältnismäßig trockenen Standorten verschwindet das Erdreich fast vollständig unter einem nahezu lückenlosen Gebüschteppich aus Salal. Die dunklen, saftigen Beeren waren vielerorts eine bedeutende Nahrungsgrundlage für die Ureinwohner der Region. Man aß sie als Nachspeise, benutzte sie zum Süßen anderer Speisen, trocknete sie und betrieb Handel mit ihnen. Inzwischen findet man in Naturkostläden in Vancouver Salalmarmelade.

1a

1b

2

3a

3b

4

## 1 **Papierbirke** Paper Birch *Betula papyrifera (Betulaceae)*

H bis max 30 m Mai

**Merkmale** Ein kleiner bis mittelgroßer Laubbaum; Rinde weiß bis kupferbraun, in papierartigen Streifen ablösend **(1b)**, mit braunen, horizontalen Linien; Blätter bis zu 10 cm lang, wechselständig, eiförmig bis rundlich, gezähnt, spitz zulaufend, oberseits gelbgrün, unterseits blasser, behaart; Kätzchen 2–4 cm lang.

**Vorkommen** In ganz Alaska und Westkanada. In Wäldern, meist an feuchten Standorten vom Tiefland bis ins Gebirge.

**Wissenswertes** Die Papierbirke wurde von den Ureinwohnern im Landesinneren British Columbias intensiv genutzt. Die Rinde kann von den Bäumen in großen, biegsamen, wasserdichten Bögen abgezogen werden. Diese wurden zur Herstellung von Körben und Kanus verwendet. Der Saft und die nahrhafte innere Schicht der Rinde diente als Notverpflegung, die Zweige und der Stamm wurden als Brennholz verwendet. Die Athabaska Indianer kauten das Harz der Birken. Möglicherweise hat dies medizinische Gründe.

## 2 **Zwergbirke** Dwarf Birch *Betula nana (Betulaceae)*

H bis 1 m Mai

**Merkmale** Ein Zwergstrauch, manchmal fast niederliegend; Blätter 5–15 mm, wechselständig, rundlich und stumpf gekerbt; Blattoberseite dunkelgrün, -unterseite blaßgrün; Kätzchen gelb, die männlichen hängend und die weiblichen aufrecht.

**Vorkommen** In Alaska, dem Yukon Territory und den Northwest Territories. Auf der Tundra und in Moorgebieten.

**Wissenswertes** Die Zwergbirke ist aus Skandinavien, Rußland, Kanada und Alaska bekannt. Hybride zwischen der Zwergbirke und großblättrigen Baumbirken sind häufig. Zu erkennen sind diese an den mehr oder weniger runden Blättern.

## 3 **Gebirgserle** Mountain Alder *Alnus tenuifolia (Betulaceae)*

H bis 9 m Mai–Anfang Juni

**Merkmale** Ein Strauch oder kleiner Baum mit mehreren Stämmen; Rinde glatt und grau; Blätter 4–10 cm lang, wechselständig, eiförmig bis elliptisch, doppelt gesägt, oberseits dunkelgrün, unterseits gelbgrün, leicht behaart; Blüten winzig, die weiblichen bräunliche, 6 mm lange, eiförmige Kätzchen, die männlichen gelblich und in bis zu 7 cm langen Kätzchen.

**Vorkommen** Im Landesinneren Alaskas und Westkanadas. In feuchten Böden entlang von Bächen, in Feuchtgebieten und in Gebirgsschluchten.

**Wissenswertes** Die Gebirgserle ist in den Rocky Mountains weit verbreitet. Sie gehört zu den ersten Sträuchern, die von Gletschern freigegebenes Land neu besiedelten. Manche Indianerstämme haben aus der zerriebenen Rinde eine rote Farbe hergestellt. Die Gebirgserle wird von manchen Botanikern lediglich als Unterart der auch in Deutschland verbreiteten **Grauerle** *(Alnus incana)* betrachtet.

## 4 **Großblättriger Ahorn** Bigleaf Maple *Acer macrophyllum (Aceraceae)*

H 9–35 m April–Mai

**Merkmale** Ein großer Baum; häufig mit mehreren Stämmen; Rinde zunächst glatt und grün, später graubraun, gefurcht, häufig mit Moosen, Farnen und Flechten überzogen; Blätter gegenständig, 5lappig, 15–30 cm lang, oberseits dunkelgrün, unterseits heller; Blüten grüngelb, nur 3 mm groß, in hängenden Trauben; goldbraune, paarige, geflügelte Spaltfrüchte.

**Vorkommen** Im südwestlichen British Columbia. Steht entlang von Wasserläufen, an Seen und in feuchten Schluchten.

**Wissenswertes** Der Großblättrige Ahorn ist von allen Bäumen in Westkanada und Alaska der Wirt für die größte Menge an Moosen und anderen Pflanzen. Der Moosteppich wird an manchen Stellen so mächtig, daß andere Holzgewächse darin Wurzeln schlagen. Der Saft des Baumes liefert einen ansprechenden Ahornsirup. Die Indianer haben diesen allerdings nie gezapft. Stattdessen haben die Saanich aus dem Ahorn ein Präparat gegen Halsschmerzen gewonnen.

1a

2

1b

3

4

## 1 **Balsampappel** Black Cottonwood *Populus balsamifera (Salicaceae)*

H bis 50 m Mai–Anfang Juni

**Merkmale** Rinde graubraun, tief gefurcht; Knospen aromatisch und klebrig; Blätter 5–15 cm lang, wechselständig, Blattform eiförmig; Blattunterseite blaßgrün bis weißlich; Pflanze zweihäusig; Kätzchen bis zu 8 cm lang, schlaff hängend; Frucht eine runde, grüne, haarige Kapseln.

**Vorkommen** In Alaska und Westkanada. In Flußniederungen und in Schwemmland.

**Wissenswertes** Das klebrige Harz auf den Knospen und jungen Blättern der Balsampappeln verströmt einen süßen Duft.

## 2 **Amerikanische Zitterpappel** Quaking Aspen *Populus tremuloides (Salicaceae)*

H bis 25 m Mai

**Merkmale** Rinde glatt, weißlich bis blaß gelbgrün; Blätter bis zu 7 cm lang, wechselständig, eiförmig, fast rund und lang gestielt; Blattstiel abgeflacht; zweihäusig; Kätzchen 2,5–6 cm lang; Frucht eine 6 mm lange, konische, hellgrüne Kapsel.

**Vorkommen** In Alaska und Westkanada, fehlt entlang der Küste. Auf sandigen oder kiesreichen Böden.

**Wissenswertes** Diese Pappel ist der häufigste Baum in Nordamerika. In der weißen Rinde sind häufig die Spuren von Bärenkrallen zu sehen.

## 3 **Barratt-Weide** Barratt Willow *Salix barrattiana (Salicaceae)*

H bis 1 m Anfang Juni

**Merkmale** Zweige behaart, Blätter elliptisch, bis zu 6 cm lang, silbriggrau durch lange Haare; Blüten auf langen, aufrechten Kätzchen an den Zweigenden.

**Vorkommen** Alaska, Yukon Territory, Northwest Territories, Alberta, östliches und nördliches British Columbia. In Flußniederungen und auf Bergwiesen.

**Wissenswertes** Die Barratt-Weide bildet Dickichte auf der Feuchttundra, die Wanderern das Weiterkommen erschweren.

## 4 **Arktische Weide** Arctic Willow *Salix arctica (Salicaceae)*

H bis 50 cm Juni

**Merkmale** Ein Zwergstrauch, meist niederliegend; Blätter wechselständig, bis zu 8 cm lang, graugrün, elliptisch und ganzrandig; Kätzchen steif aufrecht, die männlichen bis zu 5 cm, die weiblichen bis zu 9 cm lang; Frucht eine schwach behaarte Kapsel.

**Vorkommen** In ganz Alaska und Westkanada. Auf der Tundra, in alpinen Hochlagen.

**Wissenswertes** Die Arktische Weide wird gerne in Steingärten angepflanzt.

## 5 **Alaska-Weide** Alaska Willow *Salix alaxensis (Salicaceae)*

H bis 8 m Mai–Anfang Juni

**Merkmale** Rinde grau, glatt; neue Zweige weiß, dicht behaart; Blätter elliptisch, 5–10 cm lang, oberseits schwach behaart, unterseits dicht behaart und pelzig; Blüten an langen, aufrechten Kätzchen an den Zweigenden.

**Vorkommen** Alaska, Yukon Territory und nordwestliches British Columbia. Entlang von Flüssen und Bächen.

**Wissenswertes** Den Bast der Alaska-Weide schaben die Athabasca-Indianer häufig vom Baum ab und essen ihn als vitaminreiche Beilage.

## 6 **Rundblättrige Weide** Least Willow *Salix rotundifolia (Salicaceae)*

H bis 7 m Mai–Anfang Juni

**Merkmale** Ein mattenbildender Zwergstrauch; Blätter dunkelgrün, sehr klein, rundlich, ledrig und ganzrandig; Blüten rosa an sehr kurzen Kätzchen.

**Vorkommen** In Alaska und dem westlichen Yukon Territory. In arktischer und alpiner Tundra.

**Wissenswertes** Die Rundblättrige Weide hybridisiert gerne mit anderen Weiden.

1

2

3

4

5

6

# Register

# Bildnachweis

**Arndt/Silvestris** 27/2, **Bauer/Coleman** 139/2, **Bittmann** 43/3a, 107/2, 145/2, **Branch/Photo Researchers** 111/1, **Breiter** 23/1, 23/2, 23/4, 25/1, 25/2, 33/2a, 33/2b, 35/4, 39/2, 41/1b, 43/1, 43/2a, 45/4, 47/1, 47/2a, 47/2b, 53/3, 57/3, 59/3, 59/1, 63/1a, 63/3, 71/2, 71/3, 73/1, 83/1, 89/3, 105/1b, 107/1, 107/3, 107/4, 109/2, 109/3, 111/2, 111/3, 113/1, 113/2, 113/3, 115/1, 115/3, 115/4, 117/3, 119/2, 119/3, 119/4, 121/1, 121/3, 123/4, 123/2, 123/3, 125/2, 125/3, 127/1, 127/3, 127/4a, 127/4b, 129/1, 129/2, 129/3, 131/4, 133/1, 133/2, 137/1, 137/2, 137/3, 141/4, 145/3, 145/6, **Callow/NHPA** 101/3, **Camazine/Photo Researchers** 97/3, **Collins/Photo Researchers** 93/3, **Cramm** 23/3, 27/4, 67/3, 77/3, 83/3, 91/2, 95/2, 127/2, **Cramm/Silvestris** 75/5, **Danegger** 35/2, **Danegger/Silvestris** 75/5, **Dick/Animals Animals** 101/1a, **Essler/Okapia** 103/1, **Essler/Silvestris** 61/1, **Fischer/Silvestris** 49/3, **Flicker/Coleman** 77/1, **FLPA/Silvestris** 27/1, 41/2, 41/3, 75/1, 81/2, **FLPA/Sunset** 89/2, **Foott/Okapia** 29/2, **Georges/Sunset** 67/4a, **Gerard/Silvestris** 37/3, 39/4, **Grant/Photo Researchers** 103/2, **Habicht/Animals Animals** 101/1b, **Heblich/Silvestris** 29/3, **Hecker** 57/4a, 75/4, 125/1, **Heppner/Silvestris** 105/1a, **Hosking/FLPA** 145/5, **Hosking/Silvestris** 87/2, **Hubacher** 45/2, **Huber/Oxford Scientific Films** 133/4, **Kaufman/Coleman** 117/1, **König** 39/1, 57/1, 105/2, 121/2, 139/4, **Köpfle/Juniors** 49/1, **Lacz/Sunset** 63/1b, 93/1, **Lane/Silvestris** 59/4, 67/4b, 85/2, 103/4, **Lange/Angermayer** 131/3, **Layer** 51/3a, 53/2, 53/4, 81/1, 81/4, 83/2, 109/1, 129/4, **Layer/Silvestris** 93/2, **Leeson/Pacific** 85/3, **Leeson/Silvestris** 103/3, **Leeson/Sunset** 29/1, **Maier/Silvestris** 55/3, **Maslowski/FLPA** 77/2, 79/2, **Maslowski/Silvestris** 87/3, **McCutcheon/FLPA** 143/3, **McDonald/Coleman** 29/4a, 29/4b, **McDonald/Okapia** 93/4, **McDonald/Sunset** 61/4, 79/1, 79/4, **McHugh/Photo Researchers** 95/1, **Mertz** 45/3, 119/1, 123/1, 135/3, 137/4, 139/1, **Meyers/Silvestris** 63/2, **Michel/Bios** 47/3, **Middleton/NHPA** 141/1a, 141/1b, **Mitchell/Photo Researchers** 99/3a, **Moosrainer/Silvestris** 91/4, **Morris/Academy of Natural Sciences** 67/1, 89/1, **Morris/Oxford Scientific Films** 133/3, **NHPA/Silvestris** 25/3, 27/3, 35/1, **Nill/Silvestris** 91/3a, 91/3b, **Nordlicht/Juniors** 31/1, **Partsch/Silvestris** 57/4b, **Pfahls/Juniors** 51/2, **Plant Pictures** 105/4, **Pott** 20, 21, 25/4, 33/1, 33/3, 37/1, 37/2, 41/1a, 43/2b, 43/3b, 55/1, 61/3, 63/1c, 73/3, 73/4a, 85/1, 117/4, 125/4, 143/2 **Reinhard** 31/4, 51/3b, 131/2, 141/2, 145/1, 145/4, **Reinhard/Silvestris** 59/2, **Rider/Photo Researchers** 85/4, **Roberts/Ardea** 135/1, **Robinson/Photo Researchers** 99/2, 99/3b, **Rose/FLPA** 117/2, **Rue/FLPA** 79/5, **Rushforth/FLPA** 141/3b, **Schneidermeyer/Oxford Scientific Films** 97/4, **Shaw/NHPA** 97/2, 99/1, **Silvestris** 79/3, **Small/Academy of Natural Sciences** 87/4, **Sohns/Silvestris** 69/2, **Sprank/Silvestris** 91/1, 135/2, **Switak/NHPA** 97/1, **Tomalin/Coleman** 139/3, **Ulrich/Oxford Scientific Films** 95/4, **Vezo/Academy of Natural Sciences** 65/2, **Waxwing/Coleman** 83/4, **Wegner/Juniors** 71/4, **Weinzierl/Silvestris** 95/3, **Wendler/Silvestris** 131/1, **Wernicke/Silvestris** 69/3, 71/1b, **West/FLPA** 99/4, 101/2, 143/1a, 143/1b, **Wharton/FLPA** 141/3a, **Wilmhurst/Silvestris** 53/1a, 55/2, 57/2, **Willemeit/Juniors** 45/1, **Wisniewski** 31/3, 47/3, 49/4, 51/4, 65/3, 67/2, 69/1, 73/2, 73/4b, 75/2, 75/3, 89/4, 109/4, 111/4, 115/2, **Wisniewski/Silvestris** 61/2, **Withers/FLPA** 143/4, **Wothe** 31/2, 39/3, 49/2, 51/1, 59/3, 65/1, 81/3, 105/3, **Wothe/Silvestris** 27/5, 53/1b, 71/1a, **Zoller/Juniors** 87/1.
Mit fünf Farbtafeln (S. 10-19).

Umschlaggestaltung von eStudio Calamar unter Verwendung einer Aufnahme von Hans Reinhard: Braunbär (*Ursus arctos horribiles*); Gemeiner Schneeball/kosmos (*Vidburnum edule*).

Legende zu den doppelseitigen Abbildungen
S. 8/9 Auf der Fahrt nach Kemano
S. 20/21 Karibuherde



Bibliografische Information der Deutschen Bibliothek
Die Deutsche Bibliothek verzeichnet diese Publikation in der Deutschen Nationalbibliografie; detaillierte bibliografische Daten sind im Internet über http://dnb.ddb.de abrufbar.

Verwendete Abkürzungen und Symbole:

| | |
|---|---|
| B | Breite |
| D | Durchmesser |
| G | Gewicht |
| H | Höhe |
| KL | Körperlänge |
| KR | Kopf-Rumpf-Länge |
| L | Länge |
| ♀ | Weibchen |
| ♂ | Männchen |
| juv. | Juvenil |
| ad. | adult |

Die Zeichnungen auf den Farbtafeln entsprechen nicht den exakten Größenverhältnissen, wie sie in der Natur zu finden sind.



Gedruckt auf chlorfrei gebleichtem Papier


ISBN-13: 978-3-440-10451-4
ISBN-10: 3-440-10451-6
Lektorat: Teresa Baethmann
Produktion: Johannes Geyer/
Tatyana Momot
Grundlayout: eStudio Calamar
Printed in Germany /
Imprimé en Allemagne